トコロジスト

自然観察からはじまる「場所の専門家」

箱《はこ》田《だ》敦只《あつし》
日本野鳥の会普及室

日本野鳥の会

はじめに

みなさんは自然観察とは、野鳥や花などの生きものを観察することだけだと思っていませんか？

ぼくも最初はそう思っていました。でもいまは、自然観察の本当の意味は、それだけではないと思っています。

自然はその場所の歴史や文化とも深く関係しているのです。自分が決めたフィールドをもち、自分の足で歩き、その場所にまつわる歴史や文化のことにも目を向けてみると、自然もまた違った姿を見せてくれます。そして、心のなかにフィールドにたいする深い愛着と責任感が芽生えてくることも知りました。そのことを教えてくれたのが、「トコロジスト」という言葉でした。

二〇〇八年に平塚市博物館の館長だった浜口哲一先生から、はじめて「その場所の専門家＝トコロジスト」という言葉を聞いて、ぼくはトコロジストになりたくて、地図を片手に子どもと自宅の周りを歩きはじめ、今も続けています。

その過程でいろいろなことを学びました。ひとつの場所を見続けることのおもしろさ、子どもにとってのフィールドの大切さ、そして地域のなかでの大人の役割などです。

この本では、そのときどきにぼくが感じたことや考えたこと、つまり、なぜ自分のフィールドをもったほうがよいのか、どのようにフィールドを歩き、観察し、記録を残していけばよいのかについて書きました。その内容は、同じ時代に生きている多くの人たちにとっても、心当たりのあることなのではないかと思っています。

自然観察に興味をもっている人、これから自分の足もとに目を向けてみようと思っている人にとって、この本が少しでもお役に立てたらこんなにうれしいことはありません。自分の住んでいる場所に愛着をもつ人が増えてくれることを願っています。

この本を出版するにあたり田端裕さん、浜口幸子さんに大変お世話になりました。また、トコロジストという言葉を普及させたいという浜口先生との共通の夢を大勢の方の協力で叶えることができたことに感謝します。

二〇一四年一〇月一日

箱田　敦只

目次

付録

イラスト：片岡海里（日本野鳥の会　姫路市自然観察の森レンジャー）
写真：箱田敦只／萩原洋平（p.24）／小林力（第３部第１章）／尾上陽子（第３部第２章）／中塚隆雄（第３部第３章）
編集：河田由紀子（こすもす）
レイアウト：菅谷貫太郎（貫太郎事務所）

この本は、日本野鳥の会の「トコロジストになろう」（体験編・実践編、二〇一三年出版）という二分冊になったブックレットに、加筆・修正して一冊の単行本としてまとめたものです。

第一部

ぼくがトコロジストになるまで

序章

お気に入りの場所にたいする愛情

ホタルを見に行ったときのこと

あるとき友人家族を誘って、近所の里山（ぼくは郊外に住んでいるので近くに里山がある）にホタルを見に行った。その友人は、娘の幼稚園の父親の会でよく顔を合わせるお父さんで、外資系の車の部品メーカーに勤務するエリートサラリーマン。いつも海外出張で世界を飛び回っている。

その日は、水田が広がる水路づたいに二〇〇メートルほどの距離をゆっくりと歩きながら、一〇〇匹ほどのゲンジボタルを見ることができた。

「へえー。家の近くにもこんな場所があったんだね。知らなかったよ」

ホタルの幻想的な光に感動して発せられたこの言葉に、ぼくはうれしくなった。

「そうなんだよ。ここは昔ながらの谷戸（丘陵地に囲まれた谷のこと）がそのまま残っている場所でね。実はこの水路は、三沢川の源流にもなっているんだよ」

と話したところ、

「ふーん、三沢川ってどこにあるの？」

という質問がかえってきた。

「へっ？」とぼくは、すぐに反応することができなかった。三沢川は、彼の住んでいる場所のすぐ近くを流れている川なのだ。

国際人として活躍している彼にとって、自宅の近くに何という川が流れているかということは、さほど重要な情報ではなかったのだろうなと思い、ちょっとしたカルチャーショックを覚えた。

彼だけではなく、グローバル社会に生きるぼくたち現代人は、日々メールや電話で世界中どこにいてもコミュニケーションが可能になった。

しかしその一方で、自分がどういう所に住んでどんな自然に囲まれているのか、どのような歴史をもった土地に暮らしているのか、自分の足元のことに関心を向けることは少ない。

住んでいる場所に執着をもたなくても生きていけるし、むしろそのほうがしがらみがなくて自由に生きられるという考え方もあるかもしれない。

ぼく自身、ほんの少し前まで、環境が悪化すれば引っ越しすればいいという感覚をもっていた。日本が経済発展を遂げてきた過程で、そういう人間が大量につくり出されてきたということだと思う。そして、それは子どもも同様だ。根無し草のようなライフスタイルは、世代を超えて受け継がれていってしまう。

こういう状況に、ぼくは、「だって、しょうがないよ」という諦めと、「これでいいのかな」という不安の両方をもっていた。

日本野鳥の会のトコロジストたち

一方で、ぼくの身近には自分の住んでいる場所に根を張って生きている人たちも確実にいる。たとえば、ぼくが勤めている日本野鳥の会の会員たちだ。

日本野鳥の会は、野鳥をとおして自然を守る自然保護ＮＧＯである。全国には約四万人の会員がいて、その会員の多くは、野鳥が好きでそれぞれ自分のお気に入りの場所で、バードウォッチングを楽しんでいる。なかには、同じ場所に二〇年も三〇年も通い続けて、ほかの誰よりもその場所に詳しくなっている人も多い。

こういう人たちのことを「トコロジスト（場所の専門家）」という。場所（フィールド）を決めて、コツコツと通い、野鳥だけでなく、虫や植物、地質や地形、歴史や文化などさまざまなことに関心をもち見続けていく。どの季節にはどこで何が見られるか、一〇年前と今の自然の様子の違いなど、ひとつの場所について観察する。このトコロジストたちに共通しているのは、自分のお気に入りの場所にたいする深い愛情だ。

でもこのトコロジストたちは、はじめからトコロジストであったわけではない。散歩していたら、あるときふと印象的な鳥を見たとか、夕暮れの景色に見とれてしまったとか、本当に些細なことがきっかけになって、それから、誰に強制されるでもなく、毎週、毎月同じ場所に通い続けているうちに、気がついたらその場所の第一人者になっていたというのだ。

ぼくも遅ればせながら、トコロジストへの道を歩み始めている。住んでいる場所に執着を覚えなかったぼくが、子育てをとおしてトコロジストになることに目覚めた。そして、そのことがどんなに日常を豊かにしてくれたことか。

散歩の途中で、道端の小さな花や虫、街路樹の枝に止まっている野鳥の姿に気づいたらデジカメで写真を撮ってみよう。そして図鑑で調べてノートに記録してみよう。その先には、これまでとは違ったトコロジストとしての世界が待っている。

第一章

トコロジストって何？　どんな人？

トコロジストとは「その場所の専門家」

しばらく前から「歩く」ことに注目が集まっている。本屋へ行くと散歩やウォーキングについての雑誌や本がたくさん並んでいる。

たしかに、街や公園を歩いていても、シニア世代だけでなく広い世代がさまざまなスタイルで歩くことを楽しんでいるのをよく見かける。

「歩く」という行為には、「運動不足の解消」「気分転換」、それに「自然観察」や「史跡めぐり」のような学習を目的としたものもある。

ここで、取り上げるのは、歩くことによってある場所のことを詳しく知り、その場所にたいする理解を深めていくタイプの散歩である。そのような歩きをする人を「トコロジスト」（その場所の専門家）と呼ぶ。

ところで、「トコロジスト」とは、「場所」を指す「所」に、「〜をする人」という意味の「ist」をつけた造語だ。「その場所の専門家」という意味で使っている。

二〇〇五年ごろから使われ始めた言葉で、辞書には載っていない。「〇〇山のトコロジスト」「〇□公園のトコロジスト」「△□湖のトコロジスト」といった使い方をする。

浜口哲一先生の思想

この言葉は、平塚市博物館（神奈川県平塚市）の元館長だった、故浜口哲一先生が唱えた「場所の専門家」という考え方から出発している。浜口先生は、博物館の学芸員という立場のほか、日本野鳥の会神奈川支部の元支部長や、日本自然保護協会の自然観察指導員講習会の講師をしていた方でもあり、公私にわたって神奈川県内の自然保護活動に尽力されてきた。

どのような理由で「場所の専門家」という考え方に至ったのだろうか。日頃、浜口先生は次のように語っておられた。

これまで「専門家」という呼び方は、一般的には「鳥類学」とか「植物学」「昆虫学」「歴史学」など、ある特定の学問分野について詳しい人のことを指していた。ところが、自分の好きな場所があり、何十年もの間同じ場所に通い続けている人のなかには、一つひとつの分野についてはそれほどでもなくても、「その場所のことについては誰よりも詳しく知っている」という人がたくさんいる。彼らは必ずしも「鳥の専門家」や「植物の専門家」というわけではない。しかし、自分の通っている場所（フィールド）のことについては、隅から隅まで歩きつくし、いろんな分野にまたがってよく知っているのだ。

浜口先生は、このような専門性は、分野やテーマによるものとは別の種類の専門性であるとして、「その場所の専門家」と名づけた。「場所の専門家」たちは、いわゆる専門家とは違った視点で、地域の自然を大切に思い、守ることに尽力している。市民ならではの視点をもった人たちに、社会的な位置づけを与えたいと、浜口先生は模索されていた。

この考え方は、さまざまな著書や講演会を通じて、くりかえし語られてきた。そしてこれに共鳴した日本野鳥の会の会員の田端裕さんが、「トコロジスト」と命名し、この言葉が誕生した。

トコロジストに込められたメッセージ

〈場所にこだわる（場所性）〉

ひとつは、場所にこだわることの大切さだ。これはいうまでもなく「トコロジスト」の名前の由来になっている。

みなさんは、今、自分が住んでいる場所について、次のような感覚をもったことはないだろうか？

「今、ここに住んでいる実感がない（住んでいるところへの愛着がない）」
「いずれ自分はこの土地から出ていく」
「家と駅との往復だけで、季節の移り変わりに関心がない」

「近所の人との会話がなく、気楽だけど孤独だ」

「環境が悪くなったら、ほかに行けばいいや……」

ひと昔前の日本人は、ほとんどが田んぼや畑を耕しながら、土地を通じて地域社会とつながっていた。しかし、戦後以降の経済成長と都市化によって、人々のライフスタイルは大きく変わり、土地や人、社会とのつながりなど、生きていく根っこを失ってしまったような気がする。

といっても、今から昔ながらの地縁血縁の社会に戻ろうということではない。今の生活のなかで、楽しみながら根っこを再生していく。そのひとつの取り組みがトコロジストだと思うのだ。

〈幅広い分野に興味をもつ（学際性）〉

ふたつ目のメッセージは、幅広い分野に興味をもつことの大切さだ。ひとつの場所にこだわり、その場所のことを深く理解しようとすると、ひとつの専門分野だけではすまなくなる。

たとえば野鳥の視点からその場所を見るときには、そこに巣をつくる場所があるか、ヒナを育てるための豊富な食べ物があるか、外敵から襲われたときに逃げ込める場所があるか、といった視点で見ることになる。そして、食べ物である虫や木の実や隠れ場所としての環境に注目した場合、今度はその場所にどんな植物が生えているかといったことが重要になってくる。

その植物の分布を考えるときには、その場所は水が集まってくる湿った谷筋の地形のなかにあるのか、乾燥しやすい尾根の地形のなかにあるのか、さらに土の性質や湿度や風向き、そして日当たりはどうかなどの視点が必要となってくるのだ。

そのほかに、その場所の植物の様子や景観には、人間が大きく関わっていることもある。昔から谷戸の水が豊富な地形では水田が営まれていたり、その周辺の斜面には炭焼きのための原料となるコナラやクヌギを植えたりしていた。その土地で営まれてきた産業や人の暮らし、文化がその土地の景観をつくってきたという面もある。

そう考えると、その土地の自然を理解するためには、鳥だけでなく虫や植物、そうした生きものが暮らす土台をつくっている地形や地質、歴史や文化にも関心をもたなければならない。さらにはその場所の保全ということを考えるなら、土地の所有関係や法的な位置づけ、行政による将来計画などについても情報を集める必要もあるだろう。たとえ限定されたひとつの場所といえども、深く見ていこうとするといかに多くの分野が存在していることか。

こういう話をすると、「トコロジストになるには何でも知らないといけないのですか。自分には無理です！」という人がいる。たしかにこれらすべて自分で調べようと思うと大変なことだ。

「これだけのことを知らなければならない」ではなく、好きな野鳥を見ながら、ちょっとほかの分野のことにもアンテナを張っておこうというくらいの感覚でいいと思う。気負わず、でも毎回ひとつは新しい発見があるような歩き方を積み上げていくことが大切なのだ。

〈市民であることに誇りをもつ（市民性）〉

最後は、市民であることに誇りをもつことの大切さである。アマチュアイズムとでもいおうか。

これまで「専門家」という呼び方は、「野鳥」とか「植物」「歴史」など、「ある特定の学問分野に詳しい人」のことを指してきた。しかし、自分のフィールドを守りたいと願っているアマチュアは、必ずしも学問の専門家というわけではない。彼らのなかには毎週のようにフィールドに通って、二〇年も三〇年も同じ場所を見続けている人もいる。

一般論ではなく、具体的などこかの場所を保全しようと考えるとき、アマチュアではあるけれども、その場所について誰よりも詳しいという人の見識が、実は重要になってくる。

しかし、彼らには社会的な位置づけがないし、発言力もない。そこで、そういう人たちに「トコロジスト」という名称をつけて、「動物学の専門家」「生態学の専門家」といった分野の専門家と同じ重みで「その場所の専門家（＝トコロジスト）」という概念を浸透させようと浜口先生は考えたのだ。

では、トコロジストと分野の専門家とはどのような関係にあるのだろうか？

浜口先生が話されていた事例として、山梨県の乙女高原で活動している「乙女高原ファンクラブ」というグループがある。このグループでは定期的にいろいろな分野の専門家を招いて勉強会を開いている。たとえば、マルハナバチの勉強会では、マルハナバチの専門家からその生態だけでなく、マルハナバチの全国的な動向などの情報ももらうことができる。このように、トコロジストのところに、ときどき「鳥の専門家」や「虫の専門家」「植物の専門家」がやってきて、フィールドを見てくれて、鳥の視点ではこういう点がユニークだとか、ここをこうしたらもっとおもしろいなどアドバイスをもらうのだ（二三七ページ参照）。

トコロジストと学問分野の専門家が交流し合うことで、お互いに補い合うことができ、縦糸と横糸の関係を築くことができる。そのことが、その場所の自然保護を考えるうえでは大切なことなのだ。


以上、トコロジストという言葉のなかにある「場所性」「学際性」「市民性」についてのメッセージを見てきた。どのキーワードも今の時代にとって大切なことを投げかけてくれている。

あなたもトコロジスト

ては具体的にトコロジストとは、どのような人なのだろうか？

トコロジストには厳密な定義があるわけではないし、資格があるわけでもない。これまでの浜口先生の語られてきたことをもとに、トコロジストだと思われる人たちの活動を思い浮かべてイメージを羅列してみた。みなさんにはどのくらい当てはまるだろうか?

・自分のフィールドを一か所決めて、少なくとも月に二〜三回はその場所に通っている。

・自分のフィールドの地形図に親しみ、それをいつも持ち歩いている。

・地形図を持って歩きながら、今いる自分の位置を地図上で正確に指し示すことができる。

・その場所で見られる主な野鳥や昆虫、植物を知っている。

・その場所の歴史を大まかに語ることができる。

・その場所の地形や道などについて、どんな細い道も熟知している。

・自分のフィールドでその年のサクラの開花日、セミが初めて鳴いた日、ツバメが初めてやってきた日などの生きものの動きを把握している。

・自分のフィールドの土地は、民有地なのか公有地なのか理解している。

・自分のフィールドについて、行政はどのように位置づけているのか理解している。
・そこで働いている農家の人、公園管理者とも慣れ親しんでいる。
・自分のフィールドに愛着をもち、自分のことのように責任感をもっている。
・自分のフィールドの情報について、第三者に情報発信を行っている。

要するにトコロジストとは、自分のフィールドに足繁く通い、その場所についてはさまざまな分野に通じており、土地への愛着と帰属感をもっている人ということだ。

農業や水産業などの第一次産業に従事している人のなかにはこうした人が、すでにいる。その人たちは、個別の生きものの名前についてはそれほど知識をもっていなくても、ある生きものがどこにいるかということや、その生きものがいつごろから見られ、いつごろ見られなくなるのか、実によく知っている。また、地域で長年にわたって趣味で自然を観察してきた人のなかにも、その土地の自然をつぶさに見てきたトコロジストが大勢いる。

トコロジストの専門性とは、大学で専門的な勉強をして修得するものではなく、その場所を歩いた量とその場所にたいする強い思い入れがあれば誰でも身につけられるものなのだ。

第二章

ぼくがトコロジストに惹かれたわけ

トコロジストとの出合い

ぼくと「トコロジスト」という言葉との出合いは、二〇〇七年の秋のこと。大和市自然観察センター（神奈川県大和市）でボランティア向けの講演会があり、浜口先生に講師をお願いしたことがきっかけである。そのときのテーマが「トコロジストのすすめ」だったのだ。その講演を聞いたとき、ぼくは「トコロジスト」という言葉に、何かわからないが、強く惹かれるものがあった。

浜口哲一先生

後ろ髪を引かれる思いのまま半年が過ぎた二〇〇八年三月、ぼくの職場である東京の日本野鳥の会の事務所で浜口先生の話を再び聞くチャンスに恵まれた。ぼくたち職員の勉強会に来ていただいたのだ（このときの話の概要は二二三ページに載せている）。

話を聞きながら、これまでの自分の生い立ちや暮らし方、自分の子どもへの思いが頭のなかを駆け巡り、この言葉に強く惹かれた理由が少しわかったような気がした。それは一言でいえば、仕事やプライベートなことも含めて、それまでのぼくのなかにはなかった生き方をこの言葉のなかに見つけたのだと思う。

娘が自然嫌いになっていた！

二〇〇八年当時、ぼくは日本野鳥の会で、市民向けの研修会を開催する仕事をしていた。地域の子どもたちに自然のことを伝えるボランティアリーダーや、地域で自然調査をするボランティアの育成などが主なテーマだ。

それと同時にプライベートな生活では、ゼロ歳と五歳の女の子をもつ父親でもあった。こういう仕事をしていることもあってか、子どもには、できるだけ自然のなかで伸び伸びと育ってほしいと願ってきた。

しかしトコロジストという言葉と出合った時期、自分の仕事や子育てのことで悶々とすることが多かった。それは当時の仕事と私生活との間にギャップを感じて、自己矛盾に陥っていたことが原因だった。

日本野鳥の会に勤めるぼくたち職員は、自然や野鳥を守る仕事をしている。その活動の一環として、多くの人たちに野鳥を身近に楽しむ生活を勧めている。イベントなどで「暮らしのなかで野鳥を見ることを楽しみましょう」という話をすると、「私もそんな生活がしたいです」と言ってくれる人が多い。そして、ぼくらは、休日も自然のなかで過ごしていると思われているようだった。だが現実は少し違っていた。

ぼくたち職員は、休日も仕事に追われていることが多く、さらにぼくの場合は、仕事で自然のなかへ出かけることも多いので、たまの休日は、買い物したり、家でごろごろしていたかった。怠け癖がついていた。

子どもが生まれてからもそんな生活をしているときに、「自分の子どもは自然嫌いになっている」ことに気づいた。上の娘が四歳のとき、妻と娘の三人で散歩の途中、通りがかった街路樹にくっついていたセミの抜け殻が目にとまり、手にとって娘に渡そうとした。ぼくにしてみれば、いつもやっていることだった。しかし、娘はとたんに顔を引きつらせ、つないでいた手を振りほどき、妻のうしろに隠れてぼくをにらんだ。

またあるとき、マンションの部屋のなかに一匹の蛾が迷い込んで壁にペタっととまった。これを見てまたまた激しい拒否反応を示した。そういえば、休日にキャンプ場に行ったときにも、せっかくの散策路を歩きたがらず、室内から出なかった……。

「うちの子に限って」と思いながら、目の前で起こっていることを打ち消してみたりもした。しかし、思い返してみると、知り合いの少ない地域で初めての出産を経験し、慣れない子育てに奮闘する妻に、子どもを自然のなかへ連れて行く余裕などあろうはずもなかった。近所の公園の砂場で遊ばせるのが関の山だ。これ以上のことを期待するとすれば、それはぼくが担当するべきだろう。

ほかの家庭の子どもたちを自然のなかへ連れ出している間に、自分の子どもは自然のなかで遊べない子どもになって成長しかけている。なんという皮肉な話だろうか。せっかく仕事で得た知識や技術を、自分の家族に還元することができていなかった。

このままでは、ぼくは家庭人としても失格だし、NGOの職員としても世間にたいしてウソを言っていることになる。自然と親しむことが人生を豊かにしてくれるということを、自らが証明してみせていかなければ話す言葉に説得力がないのではないか。

子ども時代をやり直したい

もうひとつ、トコロジストを実践しようと思った理由がある。それは、子ども時代の記憶にさかのぼる。

〈高度成長期の申し子のような世代〉

ぼくは、一九六四年に東京で生まれ、その後、名古屋市郊外の岩倉市というところに移り住んだ。岩倉市はそのころ人口が増加する名古屋市のベッドタウンとして、町から市に昇格したばかりのニュータウンだった。そこに建設されたマンモス団地が、物心ついたぼくの最初の住処になった。

一九六四年といえば、東京オリンピックの年。そう、ぼくは高度経済成長期の申し子のような世代だ。親父は国産靴メーカーに勤務するサラリーマンだった。会社はアメリカの靴メーカーと業務提携を結んで、日本人のためのブランド靴の製造販売を始めた。全国に営業所が次々と開設され、親父はさまざまな地方に転勤した。家族も親父について行ったので、ぼくは転校をくりかえしていた。小学校四年生から中学二年生までの五年間で、岩倉市（愛知）、広島市（広島）、西宮市（兵庫）、名古屋市（愛知）と四つの土地に住み、小学校は三校通い、中学校は二校通った。ちょうど少年時代、行動範囲も広がり、近くの野山を遊び場としてその土地に深く関わろうという時期に、ほぼ一～二年に一回という頻度で引越しをしていたため、ぼくには、その土地に馴染むという経験がなかった。

いろいろな場所に住めるというのは、さまざまな文化に触れられることでもあるのでいいこともあった。だけど、ずっと同じ場所に住んでいて、自分の暮らしている場所に根づいている同級生のことは少しうらやましいと感じてもいた。結局、子ども心に土地を渡り歩く根無し草の気楽さと物足りなさの両方を感じていたのだと思う。

その後、成人し、就職して、やがて職場で妻と知り合い結婚し、子どもが生まれてからも、生活する場所に特別な執着をもたなかったが、子どもができると、住む場所に無頓着でいるわけにはいかない。家の近くに安全に遊べる公園がほしいし、できれば自然が豊かであってほしい。そこで、東京の郊外にある稲城市という小さな市に移り住むことにした。ここなら便利だし、適度に自然が残っているので、子育てに最適だと思えた。

ところが、娘が「乳児」から「子ども」になってきたあたりから、ぼくは「このままでいいのかな」と考えることが多くなった。子どもが生まれたころ、自分の子にはこんなこともしたい、あんなことも一緒にしたいと考えていた。しかし、いつの間にか忙しさにかまけて、子どもと向き合うことを忘れてしまっており、そうしているうちにも子どもは成長する。気づいたら、たまに外へ連れ出しても、手や洋服に泥がつくのを嫌がったり、虫を触ったり土や水に触ったりすることが苦手な子になっていた。その様子を見て、漠然と不安を感じていた。浜口先生からトコロジストという話を聞いたのは、そんな時期だった。

〈少年時代に果たせなかったこと〉

今から思いかえせば、ぼくはトコロジストの話から、自分が経験し忘れてきたものを無意識のうちに求めたのだと思う。よく「子育ては自分の子ども時代をもう一度生き直すことだ」というが、子どもたちの様子を見ていると、自分のことがよみがえってくる。そして、「自分が子どものときに経験したことを子どもたちに伝えたい」という気持ちと同時に、「自分が経験できなかったことを、もう一度、子どもと一緒にやり直したい」という気持ちもわき起こってくるのだ。

ぼくの場合、それは、ひとつの土地に深く関わるプロセスを失っていたということだった。そして、自分の子ども時代に「物足りない」と思い続けていたことを、子育てをするなかでもう一度やり直したい、トコロジストという言葉がそれを後押ししてくれそうな気がした。

ともあれぼくは、「トコロジスト」という言葉に出合って、仕事だけでなくプライベートでも実践してみようと、一念発起することになった。

第三章

ぼくのトコロジストことはじめ

娘との散歩を始める

二〇〇八年一〇月、ぼくはまず、娘を近所の城山公園のなかにある森へ連れ出すことにした。娘は公園には喜んで行くものの、森へは行きたがらなかった。手や服が土で汚れるのを嫌い、虫や葉っぱのチクチクした感触や、泥やカエルなどの湿ったものを怖がっていた。森の入口まで行って、つないでいた手を離しても、ぼくにしがみついてくるだけだった。

それでも休日ごとに根気よく連れ出した。少しずつ場所に慣れてきて、一か月もするとドングリやツバキの実でポケットをいっぱいにしたり、ダンゴムシやアリ、シデムシ、カマキリなどの小動物を虫籠に入れて持ち帰ったりするようになった。ときには、小動物を棒でつついたり手で捕まえて遊ぶようになり、娘のなかに本来あった子どもらしい感性が目覚めていくようだった。

生きものを触れるようになると、小さな自信になり、次の行動への動機づけになっていく。それらの積み重ねは、彼女の顔つきにも表れてきたように思う。しかし興味を示したのは、やはり手で触れて見られる木の実や葉っぱ、虫などだった。野鳥のように近づいてみるわけにはいかないものについては、ほとんど興味を示さなかった（興味をもち始めたのは、ずっと後の小学校へあがってからのことだ）。

こうして、少しずつ森歩きに慣れていき、ぼくは娘との散歩が楽しくなってきた。この頃には、平日の出勤前に子どもを幼稚園に送り届けながら、その道すがら、野鳥や昆虫、季節の花を見るのが日課になっていた。ときには、同じ幼稚園に通っている顔なじみの親子も一緒に木の実拾いに夢中になり、遅刻しそうになって、慌てて園に駆け込むということも一度や二度ではなかった。

場所に慣れることから

娘を自然に慣れさせる試みとして、ぼくは同じ森の同じコースをくりかえし歩くようにした。なぜ同じ場所を歩くのか。それは、娘を場所に慣れさせるためだ。

子どもはどこでも自由に走りまわるというイメージがあるかもしれないが、うちの娘はそんなことはなかった。新しい場所にくると「ここはどういう場所なのか」「果たして自分にとって安全な場所なのか」ということを、親の顔色を見ながら躊躇する時間がある。しばらく（一五分くらい）移動しないでその場にとどまっていると、ようやく自分で確かめるように行動範囲を広げていく。三〇分くらいすると自分で石ころや枝、木の実などを集めてきて、地面に絵を描いたり、石と枝を交互に置いたりしながら、徐々に遊びが深まっていくという感じだ。

「何がいるのかな？」池のなかの貝をつつく子どもたち

子どもが熱中して遊んでいる様子

幼児の五感は発達の途上にあり、身のまわりの環境を把握する能力が未発達だという。「見る」という行為ひとつとってみても、遠くの景色をうまく認識することができず、常に目の前のものしか目に入らない。感覚のなかでも視覚と同時に触覚を使いながら、見知らぬものは手で触ってその感触を確かめようとする。大人よりも時間をかけて、身のまわりの環境を認識していくのだ。つまり子どもが遊びに没頭するためには、時間をかけて場所に慣れさせることが前提となる。

娘は一か月もすると、その場所で何種類かの自分の遊びをもつようになった。うちの場合は、ぼくと妻で週三回程度、およそ二時間、散策コース上の何か所かでじっくりと時間をとって、自分のペースで遊ばせるようにした。

散歩の途中で、同世代の幼児を連れたお母さんたちをよく見かけたが、なかには大人のペースで散歩させている人もいた。子どもが場所を認識するペースに合わせて散歩することも大切だと、おせっかいを焼きたくなる自分がいた。

畑を借りる

娘との森歩きを始めて半年、娘が少しずつ変わる様を見て「家族でもっとフィールドと一体になれるような方法はないか」と思うようになっていた。偶然の出会いもあり、いつも通っている里山のなかで畑を借りることにした。妻が以前から畑をやりたがっていたこともあり、ぼく自身も畑を始めればもっとフィールドに通うことができるとその気になったのだ。

はじめは一五平方メートルほどの広さから始め、一年後には、面積を倍に広げた。夏は、キュウリやトマト、ピーマン、秋はサツマイモ、冬はダイコンやカブ、タマネギを育てた。スーパーで売っている野菜しか見たことのない娘にとって、自分の慣れ親しんだ場所で作物を育て、収穫し、その場でもいでかぶりつくという得難い経験となった。団地育ちのぼくには、うらやましくなるほどだった。

　畑を借りてからは、ぼくたち家族とその周辺の土地（フィールド）との関係がさらに強く結びついたような気がした。フィールドに通う頻度も、それまでの二倍になり、人との出会いも増えた。

　最初に仲良くなったのは、同じ場所で畑を借りている人たちだ。何度か顔を合わせるうちに、作物をあげたりもらったりするようになった。地主さんともよく会う。会えば必ずいろいろとアドバイスをくれたし、昔のこのあたりの様子など、思い出

野菜にかぶりつく子ども

話もよく聞いた。それから周辺で農業を営んでいる人たちや近所の大学の関係者、ジョギングや散歩する人たちなど。フィールドは意外とたくさんの人たちが集まってくる公共の場所だったことに今さらながら気づいた。

水に関心をもつ

さて、そんななかでぼくのフィールドにたいする見方もそれまでとは少し違ったものになってきた。以前は、散歩のついでに月に一度くらいやってきて、家族でぶらぶらと歩き、目に映る季節を楽しむ程度のものであった。ところが、畑を始めてからは週に一度は訪れるようになり、畑を軸にしてフィールドを見るという視点に変わっていったのだ。

畑の作物を育てるためには水が必要だ。水は近くを流れている用水路の水を汲んできて散水している。畑に水をまいているうちに、水にたいして関心がわいてきた。果たしてこの水はきれいなのか汚いのか、どこから来てどこへ流れていくのか。こうした興味から、まず川沿いを歩き、地図には載っていないところまで含めて、水路がどのように張り巡らされているのかを調べてみた。

次には、この水路にどんな生きものが住んでいるのか調べることにした。近所に住んでいる職場の同僚たちにも声をかけ、用水路のなかの水生生物を調べていった。水路沿いを、ところどころで下りてタモ網で生きものをすくいとって、調べた。

その結果、ホトケドジョウ、ギンヤンマ（ヤゴ）、カワニナなど、チ

畑への水やりから水に関心をもつ

スイビル、ガガンボの幼虫、カゲロウの幼虫、ユスリカの幼虫、シマアメンボ、マルタニシ、ヨコエビ、ニホンカワトンボ、ミズムシ、サワガニなどを記録することができた。

また、畑を起点にしてフィールドを歩きまわっていると、田んぼ、畑、草地、荒地、森、人家、草地、水路など、さまざまな環境が凝縮されていることがわかる。そこには森林の鳥、水辺の鳥、草原の鳥など多くの種類の野鳥が見られた。

せっかくなので、まわりにはどのような種類の野鳥が住んでいるのかについても、毎月野鳥の調査をしてみることにした（→コラム）。

親子の散策に限界を感じる

こうしていつの間にかぼくの休日は、娘との散歩と畑作業、そして畑周辺の生きものの調査で埋められていった。一年をとおして雨の降っていな

野鳥の数をかぞえる

ぼくが調べた方法は、畑の周辺に適当なコースを決めて毎月下旬に、同じコースを出勤前の早朝に歩いて、そこで見られた野鳥の種類と数を地図上に記録してみるという方法だ（これをラインセンサスという）。1年間同じコース、同じやり方で、鳥の数をかぞえてみると、意外なことがわかってくる。

たとえば、ヒヨドリは、季節によってその数が大きく増減していることがわかった。1年中見られる鳥であっても、ひとつの場所で数を記録していくことで、季節によって鳥が動いている様子がみてとれる。またおもしろいのは、スズメの個体数の変化だ。スズメは人家周辺に多く住むという習性がある。ぼくの畑の周りにはほとんど人家がなく、スズメの個体数も街中に比べて決して多くはない。しかし、8～10月にかけて極端に個体数が増える時期がある。これは稲刈りの時期を迎え、干した稲や田んぼに落ちたもみを食べに100羽単位で群がっているのだ。おそらくこの時期には、稲を食べるために市街地からも多数のスズメがやってきているのではないだろうか。

スズメとヒヨドリのラインセンサス

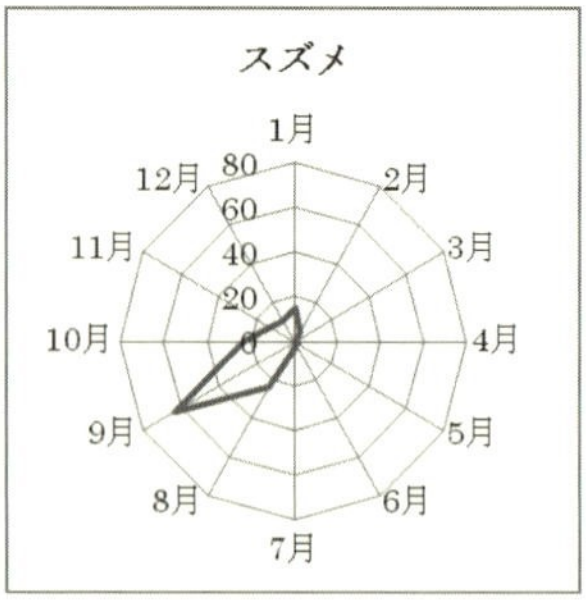

年間をとおしてほとんど見られないスズメだが、9月には群れでやってくる

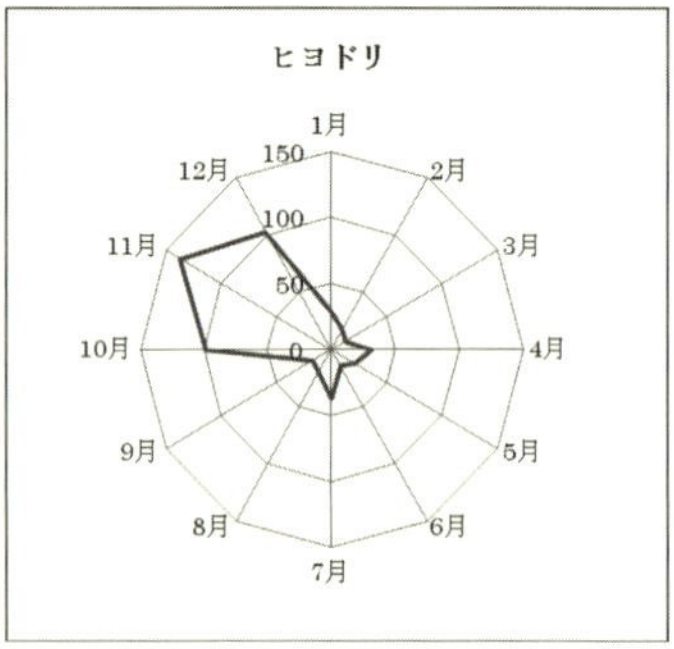

い休日は、ほぼフィールドで過ごしていたと思う。忙しいけれど充実していた。

さて、娘とのトコロジスト生活を楽しんでいたぼくは、この生活に慣れてくるに従って、逆に行き詰まりを感じるところもでてきた。それは、親と一対一の関係だと娘が依存的になってしまい、冒険をしようとしないことだ。無理に何かさせようとすると、楽しいはずの自然体験にやらされ感が生じてしまう。娘が一歩足を踏み出せるように背中を押してやることが必要なのだが、それができそうもなかった。

しかし、子ども同士であればお互いに競い合ったり、勇気づけられたりしながら、今まで超えられなかった壁を簡単に乗り越えてしまうことが多いのではないか。

娘の通っている幼稚園の子どもたちと、フィールドで活動することができないかということを考えるようになっていた。

幼稚園の「父親の会」

幼稚園には、父親の会というものがあった。父親の会は希望者による会員制をとっており、ぼくは会員だった。活動は、運動会や夏祭り、収穫祭など園の公式行事への協力のほか、自主行事として夏休みには父と子で園舎に一泊する「親子キャンプ」、父親たちが手作りで子どもたちが使う工作台や棚をつくったりする「父学講座」などがあった。

毎月一回、土曜日の夜に園舎に集まり、定例の会議を開いて大まかなことを決めてゆく。会議が終わるとみんなで持ち寄った料理を肴に、夜中まで宴会が開かれる。幼稚園の園舎で、父親たちが子ども抜きで夜中まで酒を酌み交わしている。今は当たり前に感じているが、最初はなんとも不思議な光景だった。そこでは、同じ幼稚園に子どもを通わせているという共通点で、年齢や職業を超えて自由な交流を楽しむことができた。

さて、畑を始めて半年ほどたった二〇〇九年の秋、父親の会から、「野鳥観察の行事をやってみませんか」と声をかけられ、ぼくは二つ返事で引き受けた。娘と続けてきたフィールド散歩を幼稚園の子どもたちと集団で行うチャンスだったし、このころには「子どもが大人になったときに、ふるさとの自然を思い出せるようなたくさんの経験をさせてやりたい」という思いが芽生え始めていたのだ。

何をやろうかと考えた末、園舎の裏山にみんなで巣箱をかけることに

幼稚園の父親の会。年齢も職業も違うパパたちの交流の場

した。巣箱の鳥なら幼児でもたやすく鳥を見ることができるからである。(注)

野鳥を観察するのは大人でもむずかしい。小鳥はひっきりなしに動き回り、林のなかでは木々の枝や葉っぱが視界をさえぎっているので、慣れないとその姿はなかなか追いかけられない。巣箱を利用する野鳥は限られているが、シジュウカラやヤマガラ、スズメといったなじみのある鳥たちなので子どもたちにはちょうどいい。これらの野鳥は、本来なら木の幹に自然にあいた穴を巣づくりの場所に使っている鳥で、巣箱はこうした場所の代用になるのだ。

巣箱教室の企画をあれこれ考えながら、急にめぐってきたチャンスに、ぼくはわくわくして、その日を待った。

初めての巣箱観察会

そして、二〇〇九年一〇月の最後の休日に、六組の親子が集まった。大工作業が得意なお父さんたちに手伝ってもらい、立派な巣箱が完成した。園の裏山と農園の一部に一〇個の巣箱をかけた。

野鳥は、二月ごろから繁殖シーズンに入り、五〜七月に子育てと巣立ちを迎える。うまくすればゴールデンウィークには野鳥の子育ての様子を見ることができるだろう。しかし使ってくれなかったら……、期待と不安のなかで春を待った。

翌年の二〇一〇年五月の初め、一〇個の巣箱のうち、五個でシジュウカラやヤマガラ、スズメが巣箱を利用していた。そのうち三個でヒナを育てており、親鳥が巣箱に出入りする様子を確認することができた。ひとまずは大成功である。そこで、ゴールデンウィーク真っ只中の五月五日に、巣箱に出入りする野鳥の姿を見てもらおうと考えた。

参加したのは、巣箱をつくった親子六組。いずれも、野鳥など意識して

（注）巣に近づきすぎると、親鳥が警戒して子育てをやめてしまうことがある。種や場所によっても警戒の度合いが異なるので、野鳥の習性を調べたうえで観察することがのぞましい。

「あっ　そっくり！」

さっき声をあげた子どもが言うと、みんなうなずいている。

「この鳥は、ヤマガラという鳥なんだ。スズメくらいの大きさで、こういう林のなかで巣をつくって、今ぐらいの季節には、子育てで大忙しの生活を送っています」

「どのくらい忙しいかというと、ヒナが大きくなってくると、日の出から日没までお父さんとお母さんが交代で、数分に１回はこうしてエサを運び込んでいるんだよ」

「ヤマガラは１回の巣作りで７～９個くらい卵を産みます。それだけのヒナを短い間に大きくしなくちゃいけないから、ものすごい量の青虫が必要になるんだね」

「すごーい。子育ての大変さは、人も鳥も同じなのねー」

お母さんの１人がしきりに感心している。きっと自分の育児の大変さと重ね合わせているんだろうなと思いながら、ぼくは「今日はやってよかった」と心でつぶやいた。

「巣箱のなかに何が入ってるのー？」
（巣箱の観察には十分に注意して）

巣箱観察会のひとコマ

「しーっ！　ほらっみんな！　親鳥がもどってきたよ」

森のなかの１本の木にかけた巣箱を、10 メートルくらい離れて遠巻きに見守っていた６組の親子が一斉に指差した方向に視線を向ける。その先には、スズメぐらいの大きさの１羽の野鳥が巣箱の近くの枝に止まり、あたりを注意深く見まわしていた。

「ほんとだ！　あっ何かくわえているみたい」

子どもたちのなかでも年長の女の子が思わず声をあげた。見るとその野鳥のくちばしには緑色の青虫が挟まれており、首を振るたびにぶらぶらと激しく揺れていた。

「ヒナにあげるエサをくわえているようだね。見ててごらん。巣箱のなかに入るから」

きょろきょろとあたりを見回していた野鳥は、意を決したようにパッと枝を飛び立ち、そのまま反転して巣箱のなかに飛び込んでいった。

「おお！」

軽いどよめきが、大人たちの間に起こった。

しばらく、巣箱の中でコトコトと何かが動きまわっている気配がしていたが、すぐに先程の野鳥が巣箱の穴から顔をだし、ひと呼吸おいてから外へ飛びだしていった。

その瞬間「ほー！」というため息が漏れてきて、緊張した場の空気が一気に緩んだ。親も子も顔を見合わせて今の出来事を口々に話している。

「えー、みなさん。いま巣箱に飛び込んだ鳥の姿を覚えていますか？」

ぼくは、この場にいる全員に声をかけた。

「おなかが赤茶だった」

「背中は灰色だったよ」

「顔が白かったみたいだけど」

鳥の姿を思い出しながら、何人かの子どもたちがそう指摘した。

「そうだね。今日は写真を持ってきました。こんな姿ではなかったかな？」

見たこともないという親子ばかりだった。ぼくは、子どもたちや父母の反応に大満足だった（→コラム）。

ちなみにこの巣箱観察会は、その後、父親の会の定例行事となり、今も、ぼくは担当している。

第四章

次なるステージへ

新たな責任感のもとで

観察会が終わった後、自宅に帰ってからぼくはその日のことをふりかえった。幼稚園の子どもたちや父母に喜んでもらえた興奮がまだ残っていたが、それとは別に、身が引き締まるような緊張感もかすかに感じていた。それは、自分にとってこの観察会は、何か一線を越えたような気がしていたのだ。これまでは娘との散歩というきわめて個人的な取り組みにすぎなかったが、今回のことは自分の活動の領域をもう少し公なところにまで広げたように感じていた。そのことは責任をも伴うと感じていた。

どのような責任なのだろうか。もちろん、よその家庭の子を預かることになるから、事故なく行事に参加してもらうという責任はあるだろう。だがそれだけではない。ひとつには、この土地に住む大人のひとりとして、子どもたちにたいしてこの土地のことを伝える責任があるのではないかということだ。そして、もうひとつは、いつも楽しませてもらっている生きものになり代わって、その暮らしぶりをいろいろな人に知ってもらうという責任もあると思う。存在に気づき、その暮らしぶりを多くの人に知ってもらうことが、その生きものを守る基礎になるからだ。

最初は「自分の子どもをたくましく育てたい」という気持ちから始まったぼくの個人的な活動は、このようにして次第に次のステージへと踏み出しつつあった。

生きもの地図をつくる

幼稚園での巣箱教室が二年目を迎えた二〇一〇年の冬、ふと思いつき、自分が普段歩いている範囲がどの程度なのかを地図上で確認してみたことがあった。駅までの道、娘の幼稚園、娘との散歩、買い物に行くスーパー、病院、ジョギングコース……。

ぼくはずいぶん歩いているとひそかに自負していたが、こうやって地図のうえで確認すると、自宅を中心に約一・五キロメートル四方で行動しているに過ぎないことが見えてきた。想像よりもずっと狭い範囲だ。そして、このなかでさえ、十分に歩きつくしているとは言い難く、まだ自分が足を踏み入れたことのない場所がたくさんあったことに軽いショックを受けた。

この気づきから、少なくとも自分の行動範囲については隅から隅まで歩いてみようと思いたち、浜口先生の『生きもの地図をつくろう』（浜口哲一、岩波ジュニア新書）をもう一度読み返した。この本には、浜口先生のライフワークである「生きもの地図」という方法について、その意義や調査の仕方などについて詳しく書かれている。

生きもの地図とは、五千分の一とか二千分の一の縮尺の地形図のうえに、ひとつのテーマにそってその生きものがいた場所を正確に記した地図のことで、地図上に表された生きものの分布を知ることをとおして身近な環境を考えようというものだ。

　ぼくの住んでいる地域は、丘陵地と川のほかに草地や荒れ地も適度に存在し、バランスのよい自然環境をもっている。そこに生きものがどのように住んでいるのかを知るためには、「生きもの地図」は最適であるように思えた。そして、地図のテーマは野鳥にした。野鳥であれば、環境の違いによって住み分けの様子がはっきりと表れてきそうだったからだ。

　まず地図のうえで調査する範囲を線で囲い、二〇一〇年一二月中旬から二〇一一年一月中旬までの間、土日と年末年始の休みを合計一五日使って、朝七時から九時までの二時間、その範囲のなかにある道をすべて歩いた。そして、そこで確認した野鳥の種類と数を記録し、確認した場所を地図上に書き込んでいった。七時から九時にしたのは、野鳥が活発に活動する時間帯に合わせたためである。

　一・五キロメートル四方というと、二二五ヘクタール。東京ドームが四八個入る広さだ。このなかには、細い路地も合わせるとかなりの距離の道川敷のヨシ原やススキ原があるということである。これらは今や都市のなかでは少なくなった環境だ。また、用水路が街の至る所にあった。川の扇状地である地形を生かして江戸時代に整備されたものであるが、水田がほとんどなくなった今でも用水路が流れていた。用水路の周辺には、カモやカワセミ、セキレイの仲間が豊富に生息し、生きものの多様性にも一役かっている。

ちなみにこの用水路は、明治時代の古地図にも載っていて、すっかり変わってしまった街の風景であるが、街の過去と今をつなぐポイントになっている。

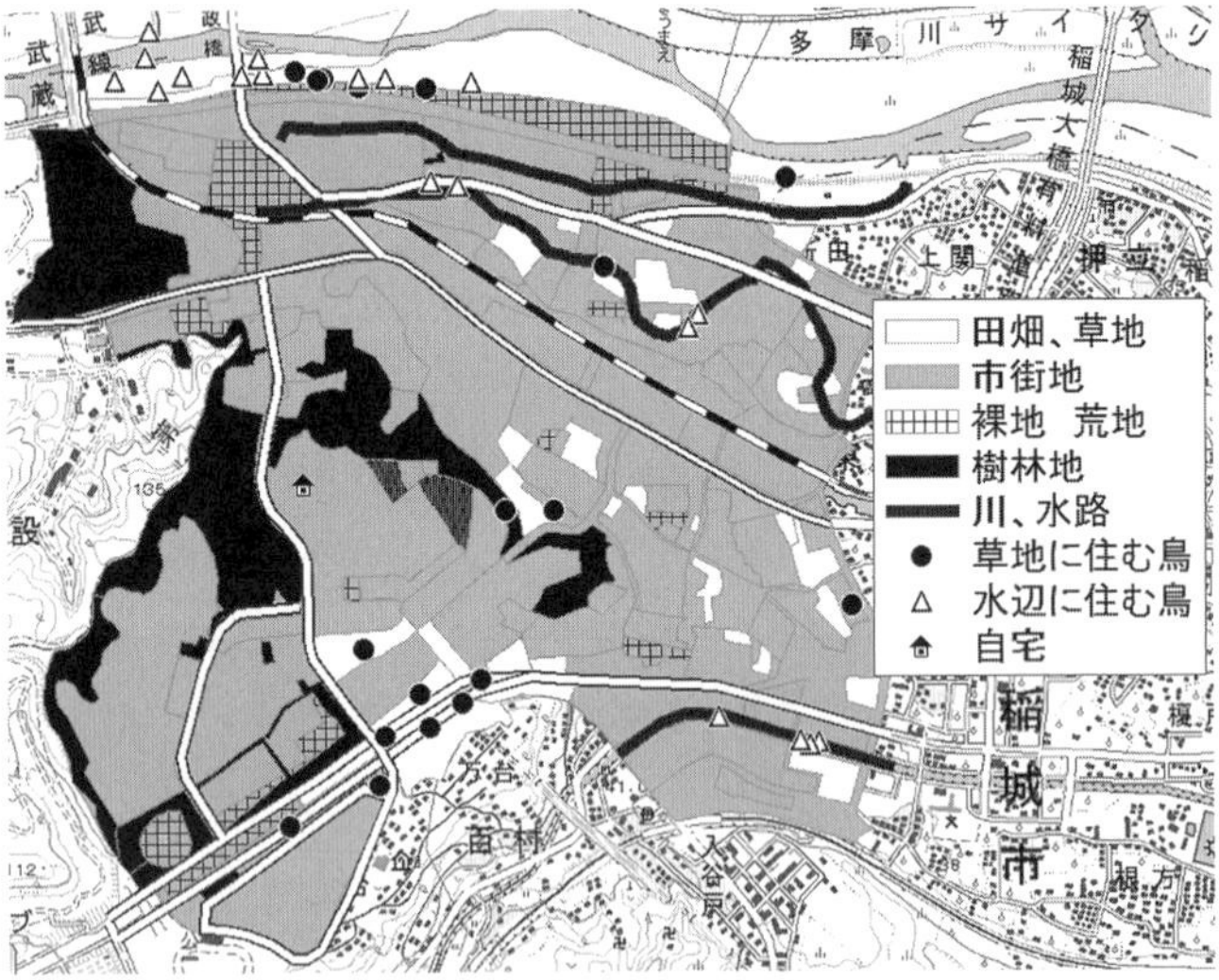

自宅周辺の土地利用図：樹林（黒い部分）、荒地・裸地（メッシュ）、田畑・草地（白）、市街地（灰色）で構成されている

わが街の自然

2010 年から 11 年にかけてぼくのフィールドを調査したところ、まず特徴的だったのは、都心の郊外の街にしては草原が多いということ。それは一級河川の多摩川の河川敷があるからだ。そのほかにも、ビルや住宅建設予定地が、荒れ地や草地になっていた。この辺りはまだニュータウン開発が進行中であるのだ。

こうした場所では、コチドリやキジ、ホオジロ、セッカ、ヒバリといった荒れ地や草原に住む野鳥が見られた。しかし、これらの草地の多くはいずれなくなってしまう運命にある。

次に気づいたことは、予想どおり森は豊かなのだが、すっきりと手入れの行き届いた雑木林が多く、ササなどが生えているやぶや、クズなどがはびこっているごちゃごちゃした場所がほとんどないということである。人口密度の高い市街地の公園ということで、どこもていねいに管理の手が入っていた。

これは一見とてもよいことのように思えるが、生きものの多様性という目で見ると、物足りないと思える点でもあった。やぶは、ウグイスやタヌキ、ウサギのほか、カメムシなどの昆虫が好んで住む場所なのだ。

さらに、水辺も多いことにもあらためて気づかされた。川があるということは、水面だけでなく、中州の砂礫地（砂や小石のある場所）や河

があって、すべてを歩くのは大変だったが、自分の住んでいる街を知りたいとの思いで、しらみつぶしに歩いた。今まで足を踏み入れたことのなかった場所や道がいかに多かったことか。野鳥を探しながら歩いてみると、単調な住宅地のなかに一本用水路が流れているだけで、そこで見られる生きものの種類と数がほかとは段違いに豊かになっていることにも驚いた。

実際に地図にまとめてみて、あらためて自分の住んでいる街の自然の特徴を知ることができた（→コラム）。

この調査をしているときに、別な楽しみもあった。ときどき興味をもって話しかけてくれる人がいたことだ。散歩を楽しんでいる人であるが、鳥の名前を聞かれたり、逆にいろいろな情報をもらったりした。こういう人と話していると、自分の身のまわりにある自然のことに興味をもっている人が、潜在的にたくさんいるのではないかと思った。

課題を突きつけられて

ぼくは、自分の街の生きもの地図をつくったことによって、次第に自分の街のどこにどんな自然があり、どのような生きものが住んでいるのか、頭のなかで明確にイメージできるようになっていった。それと同時に、解決しなければならない課題ももつようになってきた。

まず、子どもたちの自然体験の舞台として公園は欠かすことのできない場所だが、公園の管理の仕方は、やや生きものへの配慮が足りないように思った。公園の周辺や森のなかにある草原では草刈りをしすぎていて、生きものが住みにくい場所になっていることが多いのだ。本来、雑木林の外がわは、太陽の光がよく届くことから、放置しておくとさまざまな植物が生えてくる。ササが繁茂してやぶになったり、クズなどのつる性植物が木をおおい、マント群落となったりする。公園ではこうした場所はすべて刈り取ってしまうが、林にとっては林内を外気から守る役割を果たし、気温や湿度の急激な変化を緩和して林自体の健康を守っているという面もある。

さらに、やぶやマント群落は、タヌキやウサギなどの哺乳動物の貴重なかくれ場所になり、さまざまな昆虫のエサ場になったりもする。それだけではない。子どもたちに林のしくみを見せるという意味においても、やぶやマント群落がまったくない林では、かたよった自然観を植えつけることにならないかと心配になる。

もちろん安全面での配慮や、人が利用する空間を確保しなければならないことは重々承知しているが、草刈りの仕方を少し工夫するだけ

で、生きものと共存した公園をつくることができるはずなのだ。

また、子どもたちを自然に導く指導者がいないことも気になった。日常的にその緑地を歩き、子どもたちに伝えようという市民が育っていない。

このような公園や緑地の管理、指導者の育成、さらには地域や学校の協力体制といったようなことを考え始めると、個人で森歩きを楽しんでいるだけの立場では何もできないことに焦りのようなものを感じ始めていた。

行政の会議へ

そんなことを考えていたとき、妻が市の広報誌で、「環境市民会議の委員募集！」という記事を見つけた。すぐにeメールで申し込んだ。すると二週間後に、委員に当選したとの返信があった。この会議では今後一〇年間の市の環境基本計画を策定するための話し合いが行われる。

毎月一回、市役所に委員が集まり、市の環境政策について議論するのだ。こうした場は、人脈も広がるし、今まで知らなかったことを知ることができる。

興味深かったのは、議論をするなかで、同じ市民委員であっても環境にたいする考えや価値観が違うということだ。たとえば緑にたいする認識だ。会議のなかでも、緑の保全については幾度となく話題にのぼる。そのたびに「緑は守らなければならない」と一致するのだが、その場合の緑を守ることとはもっぱら「緑の量」、つまり公園や緑地の面積のことだけであり、「緑の質」、つまり生きものの多様性のことに関心をもつ人は少なかった。環境会議の市民委員でさえ市内のどこにどんな生きものがいるのか、実感をもって知っている人は少ないと感じた。

生物多様性という言葉が広まってはきたが、言葉だけが流通しているにすぎないのだ。緑のことについて話をするときには注意が必要だと思ったことと、時間をかけてでもフィールドに密着した人を増やしていく取り組みも必要なのではないかと感じた。

第五章

地域にトコロジストの会を

トコロジストの会をつくろう

稲城市の環境市民会議の委員として、約半年間会議に出席してみて、ぼくは軽い失望感を味わっていた。それは、議論があまりにも観念的で、具体性に欠けていたからだ。地域の環境を実際に見ている人が少なすぎた。

本当の意味で稲城市の環境や生物多様性を充実させていこうとするならば、日々自分で歩き、身のまわりの自然の営みをみて、生物多様性を体験として知っているトコロジストの声をもっと拾い上げていかなければならないのではないだろうか。この数年間のトコロジスト生活から、ぼくは自然とそう考えるに至った。

思いたったらすぐに行動に移したくなるのがぼくのいいところだ。委員の任期も残りあとわずかという時期に、「トコロジストの目をとおして稲城市の生物多様性を進めていく事業の企画書」を一晩で書きあげた。そして、その企画書をもって、環境会議の事務局を担当していた稲城市役所の工藤紀《のり》さんに相談してみることにした。

同じ会議を一緒に見てきた工藤さんは、企画書に目をとおしてからこう言ってくれた。

「実は市としても、これから生物多様性に取り組んでいくにあたって、どのように進めていこうかと思案していたところだったのです。箱田さんが主になって動いていただけるのなら、市としてできる限りのサポートができるように、市役所内で調整してみます」

この言葉を聞いて、ぼくは、「もちろん、そのつもりです。どうぞよろしくお願いします」と即答した。そう言ってしまってから、「ああ、とうとう踏み出してしまった！　これで後には引けなくなったぞ」と一気にプレッシャーがおおいかぶさってくるような気がした。

今までのぼくのトコロジスト生活は、いってみれば私的な活動だった。しかし、今度は自分が主宰して社会的な活動をするということになる。始めた以上、中途半端にはやめられない。まだ一緒にやってくれる仲間もいないのに、もし体調が悪くなったらどうしよう、事故が起こってしまったら？　と不安にかられた。しかし、もはや後には引けない。子どもたちにもいい格好を見せなければ。ここはふんばりどころだぞ、と自分にはっぱをかけたのだった。

ぼくがグループをつくった理由

そんなプレッシャーを感じながらも、ぼくが自分の団体をつくろうと思ったのにはいくつかの理由がある。

〈地域における居場所づくり〉

ぼくの地域での活動は、娘の幼稚園の父親の会がメインになっていた。メンバーとも顔なじみになり、会のなかに自分の居場所ができてきたと感じるようになっていた。上の娘に続いて下の娘が入園したので、あと数年は幼稚園で活動できるだろう。しかし、娘が卒園すれば、別のステージを探さなければならなくなる。そして、そう感じているお父さんは自分だけではないようだとも思っていた。昭和四〇〜五〇年代生まれの世代は、父親としてもひとりの社会人としても、この先どうやって生きていったらよいか迷っているところがある。

前世代のような仕事しかしてこなかった人の退職後の人生が、必ずしも幸せなものではないことを知っている。ワークライフバランスを保ち、職場だけでなく家庭や地域にもコミットしていく人生を送りたい。だからこそ、父親の会に入会しようと思ったわけだ。その甲斐あって、さまざまなお父さんと知り合い、地域での人脈も広がってそこでの居心地もよくなってきた。しかし、子どもが卒園すれば、いつしか父親の会からは足が遠のいていく。せっかくきっかけをつかみかけたのに、また振り出しに戻ってしまう。そんなことを感じているお父さんがぼく以外にもいる。それなら、グループを立ち上げることは、自分やほかのお父さんの次のステージをつくることになるのではないかと考えた。

〈地域の自然を守る拠点づくり〉

もうひとつは、稲城市の生物多様性を考えたとき、地域の自然や生きものについての人材や情報が集まってくる拠点が必要だと考えていたことだ。ぼくは、子どもたちが自然のなかで遊べる環境をつくりたいと思っていた。稲城市には首都圏近郊にしては自然が残っているが、自然だけがあっても子どもが自然のなかで遊べることにならない。そこには大人の存在が必要だし、適度な安全性を備えたフィールドも必要だろう。また、子どもたちの興味を掘り下げていくためには、具体的な生きものの情報も必要になってくる。長時間滞在するとなるとフィールドのすぐ近くにトイレも必要だし、急な雨をしのいだり、レクチャーをしたりするための設備もほしい。理想的には、自然史博物館やネイチャーセンターのような施設である。

しかし、人口八万六千人の小さな自治体では、そのような拠点施設をもつことは簡単ではない。だが、周りを見渡してみると、代用になりそうな施設はある。普段よく訪れる公園や緑地のそばには、公民館や学習館、図書館、集会所といった施設が建っていたりする。これらをうまく使えばフィールドと屋内施設を行き来しながら、子どもたちの自然学習をサポートできるはずだ。たとえ自然に詳しい専門員が常駐していなくても、市民を活用することで、公園や緑地を生かしたフィールドつきの自然学習施設になる。そこが地域の自然情報を集積し、トコロジストを育成していく拠点になっていくのではないかと考えた。

ぼくは、グループをつくるにあたり、「やりたいこと」と「自分にできそうなこと」を天秤にかけて慎重に考えた。そして、活動のフィールドとしては、ぼくが一念発起して娘との散歩でトコロジスト生活をはじめた城山公園を選ぶことにした。城山公園の隣には「城山体験学習館」という施設があり、そこでは会議室の貸し出しや稲城市民の文化活動をサポートするために、市民による絵画展や写真展などが行われていた。ぼくの自宅からも徒歩五分と近い。ここだったら何とか時間をやりくりしながら活動を継続していくことができるのではないだろうか。

こう考えて、グループ立ち上げを具体化していった。

メンバー集め

城山トコロジストの会のメンバー集めは公募という形はとらなかった。活動を軌道に乗せることに重点を置

公園の隣にある城山体験学習館

きたいと思ったので、気心が知れている人同士で始めたかったのだ。

　そこで、「この人は！」と思う人に個別に声をかけていった。その結果、その年の一〇月のグループの設立準備会には、六名の人が集まった。二〇一二年一〇月二〇日に稲城市体験学習館の会議室に集まったのは、小林努さん、阿部智久さん、吉田篤人さん、田島幹朗さん、工藤紀さん、箱田の六人。小林さんと阿部さんは娘の幼稚園の父親の会の先輩たちだ。それぞれ、みんなの意見のまとめ役だったりムードメーカーとして活躍してきた人たちだ。小林さんは環境コンサルタント会社に勤務している技術屋だ。阿部さんは、某大手電機メーカーの社員。生きものにも関心をもっている。

　吉田さんは、父親の会ではないがやはり同じ幼稚園の卒園生。趣味が昆虫採集とバードウォッチングだという。某食品メーカーで研究員をしている。後でわかったのだが、吉田さんはぼくの大学の先輩だというつながりでもあった。

田島さんは、他のメンバーより年上で、国土交通省のＯＢだ。今は調布飛行場で管制官の仕事に就いている。田島さんとは、日本野鳥の会のある集まりで出会い、話をしているうちに住まいが同じ稲城市だということがわかり意気投合した。すでに四〇年以上のバードウォッチング歴をもっている。

工藤さんは、稲城市の環境課の職員で、ぼくがこのグループを立ち上げるにあたって相談に乗ってくれた人だ。

設立準備会

一〇月二〇日にこの六人が初めて顔を合わせて、自己紹介のあと、これからの活動の進め方について話した。この日はぼくの用意したたたき台の案に従って、一時間くらいで次のことが決まった。

・会の名称を「城山トコロジストの会」とすること。

・毎月城山公園を歩いて、城山公園とその周辺についての野鳥や昆虫、植物、地質や文化、歴史などあらゆることについて学び、この場所の専門家になること。
・毎月一回近隣の人を対象に城山公園を歩く観察会を開催する。
・観察会の下見会も実施する。
・当面は、観察会を実施しながら、城山公園の季節の自然情報を地道に蓄えていくこと。
・当面は、大々的な広報はしないで口コミで参加者を集めること。
・この六人のメーリングリストをつくり、日常的にも稲城市の自然について情報交換を進めること。

これらのことを確認した後は、全員で公園を歩いた。それとなく、みんなの反応を聞いてみた。田島さんや吉田さんは、年々減ってゆく稲城市の緑について気にしていて、生きものと共存した稲城市の街づくりに協力したいという思いが強かった。

小林さんと阿部さんは、幼稚園の父親の会を引退しちょうど次のステージを求めていたところに、ぼくから誘いのメールが来たので参加してみたという感じだった。工藤さんは、稲城市の職員としての部分と、稲城市で二人の子どもの子育ての真っ最中とあって、子どもたちの自然とのふれあいを進めたいという気持ちがあるようだった。

城山公園を歩く

二〇一二年一一月二四日。この日は城山トコロジストの会の初の観察会だった。参加してくれたのは、娘の幼稚園のパパたちの口コミで集まった合計一六人。その内訳は、子ども六人、大人一〇人。

学習館を出発し、城山公園のなかを歩き始めた。途中、金網についていたハラビロカマキリの卵やジョロウグモの親グモや卵を見ながら、オタマジャクシの池へ向かう。オタマジャクシの池では、池に堆積した落ち葉を網ですくい取り、生きものを探してみた。

スタッフの吉田さんは、両手にビーティングネット（枝についている虫を採集するための道具）を持ち、足元も長靴で決めて、完璧な装備でやってきた。おまけに子どもとのコミュニケーションのとり方もうまく、巧みに子どもたちの興味を刺激して、雰囲気を盛り上げていく。吉田さんのまわりはいつも子どもたちが取り囲み、大人気だった。

ぼくは、子どもたちや大人の反応を見ながら、観察会の成功を確信した。他のメンバーも皆満足そうに笑っていた。

生きものの情報を集める

ぼくたちが城山公園トコロジストの会の活動を始めてまずやったことは、公園とその周辺の地図を入手したことだ。

ひとつは、一万分の一の地形図をパソコンに取り込んで、公園周辺部分を拡大したものを用意した。もうひとつは、稲城市の工藤さんにお願いして公園を設計したときの図面をもらった。この図面には、普通の地図には載っていないような細い山道もしっかり書きこまれている。このふたつの地図があれば、公園内や公園の周辺部を詳しく確認したり、見つけた生きものの場所を正確に記録に残すということが簡単にできるようになる。城山公園に限らず、ある特定の場所で活動しようと思ったら、まずその場所の地図を用意することはトコロジストの基本中の基本だ。

さて、次にこの地図を使って公園内の生きもの情報を集めて記録する作業にとりかかった。とくに自然観察会のなかでは、いつもは「自然情報カード」という統一した書式を用意して、スタッフだけでなくて、観察会の参加者にもこのカードを配り、各自一枚でも二枚でも書いて提出してもらうようにしていた。

ところが「記録」というと、理科の観察記録を連想してしまい書くことに苦痛を感じる子もいる。なにか工夫がないかとスタッフと相談をしてい

ビーティングネットで捕えた虫を観察する吉田さん

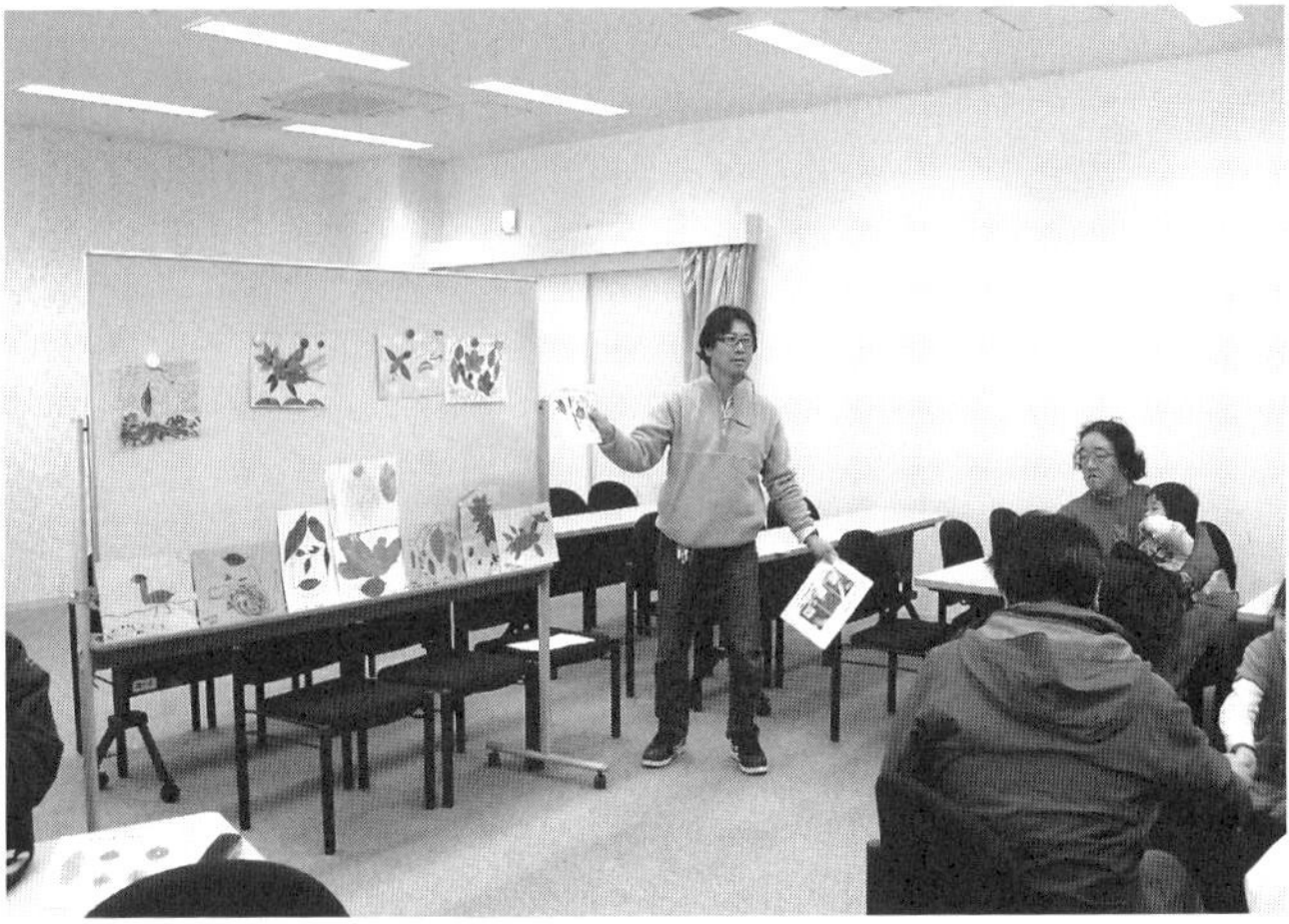

城山トコロジストの会　プレゼン中の小林さん

たところ、観察した生きものをスケッチして、その絵を缶バッジに加工して持ち帰ってもらうというアイディアが生まれた。自分で観察した花や虫をスケッチし、それを缶バッジとして持ち帰ることができれば記念にもなるし、すぐに捨てようという気にはならない。何よりも、観察した生きもののことをずっと後まで覚えているという効果があるのではないか。

実はこのアイディアは、工藤さんの提案で実現したものだ。観察記録をどうやって残していこうか話し合っていたときに、ちょうど稲城市で購入した缶バッジの活用方法を探していたところだったのだ。

このプログラムを実施してみた結果、子ども

観察した生きものを缶バッジにする

から大人までみんな観察記録を書いてくれて、出来上がった缶バッジも大切に持ち帰ってくれた。それだけでなく、自分が缶バッジに描いたものは深く印象に残ったようで、参加していたぼくの娘はそれ以来、幼稚園の行き帰りのときに「この花はね、アカバナユウゲショウっていうんだよ」といって、クラスのお母さんたちを驚かせていた。

自然情報の利用

こうして毎月の観察会で、自然情報をためていった。それが公園の生きもののデータベースとなっていく。これまでぼくが個人的に集めてきた自然情報は過去三年分はあった。しかし、その情報は野鳥に偏っており、ほかの生きものの情報が少なかった。グループのメンバー、さらには参加者にも情報収集をしてもらったところ、植物や昆虫、両生類などの情報もたくさん集まり、偏りが是正されてきた。こういうことも、グループでトコロジストに取り組むメリットなのかもしれない。

では、このように蓄積された情報はどのように活用できるのだろうか？

ひとつは、次の観察会の企画が立てやすいということがある。観察会の企画は、数か月前に考える。企画を考えている今現在のフィールドを見ても、本番のときに同じ花や虫が見られるとは限らない。逆に、今は見られないものが本番のときには見られるということもある。

観察会だけでなく、自然情報をいかして、季節をちょっと先取りした展示を行ったりセルフガイドパンフレットを発行すれば、城山公園の生きものに関心を向けてくれる市民も増えてくるにちがいない。地図と地図を活用した生きもの情報を蓄積することは、城山トコロジストの会の基礎となる活動だ。

第六章

トコロジストが地域を変える

「オタマジャクシの池」救出作戦

城山公園には、面積一〇平方メートルほどの通称「オタマジャクシの池」と呼ばれている小さな池がある。ここは緩やかな地形の谷間の部分にゴムシートを敷いてつくった人工池で、春にはヤマアカガエルやヒキガエルの卵塊《らんかい》が見られ、水底にたまった落葉をすくうとヤゴやタニシがたくさん見られる。この近辺にはほかに水場がほとんどなく、ヤゴなどの水生生物の貴重な住処であることに加え、チョウやハチにとっての吸水場所にもなっている。

また、道のすぐわきにあるものだから、通りがかった人は皆、足を止め水面をのぞきこんでいる。水辺の生きものとのふれあいの場所としても、非常に高いポテンシャルをもっている池だ。

ところがこの池は、構造上どうしても土砂がたまってしまう。池を維持

池のなかの生きものを網ですくいあげる子どもたち

「どんな生きものがいた？」

するためには、数年に一回この土砂をさらってやる必要があるのだが、さらうと泥のなかの生きものは全滅してしまう。

そうした状況を何とかできないだろうかと、二〇一三年六月二九日、城山トコロジストの会では、「オタマジャクシの池生きもの救出作戦」を実施した。池の土砂をさらうに先立って、泥のなかからヤゴなどの生きものを救い出し、ほかの池へ放してやろうというものだ。

当日はフェイスブックや幼稚園の口コミなどで一八名の親子が集まった。網で泥をすくい、そこから這い出してくるヤゴやタニシ、カエル、ゲンゴロウなどを救出し、プラスティックの衣装ケースに放していく。子どもたちのなかには、ヤゴやカエルを捕まえたのは初めての経験だった子もいて、泥だらけになりながらカエルの冷たく柔らかい手触りに興味津々の様子だった。

生きものを捕まえるのは面白い。子どもたちを見ているとやはり人間には狩猟本能があるんだなぁということを感じさせる。子どもたちが野生に戻っていくようだった。

「ママ！　ママ！　見て！　ヤゴだよ！」

「ワアー　本当だ！　ママも初めて見た！　○○ちゃん、すごいねえ！

自分で捕まえたの？」

「うん！　ほかにもたくさんいるよ！」

「みんなー　来てごらん！　アカハライモリがいたよ。お腹が毒々しいほど赤いね！」

「ちょーキモーイ！」

今回、捕まえたのはヤゴ、タニシ、トノサマガエル、アカハライモリ、ヒメダカ、ゲンゴロウ、ヒメアメンボ、ガムシ、ヒルといったところだった。魚の仲間がヒメダカだけだったのは、おそらく二週間ほど前に日照りが続き、渇水していた時期があったことが影響していたようだ。

今回救出した生きものは、自宅で飼いたいというものは持ち帰ってもらい、明らかに在来の生きものだと確認できるものだけを、数百メートル離れた池へ運び、放流した。

その翌日、わが家に持ち帰ったシオカラトンボのヤゴがベランダで無事に羽化して、大空へ飛び立っていった。

行事で巣箱をかける

〈みんなでつくった巣箱〉

城山トコロジストの会の一周年を迎えた一一月。公園管理者の許可を得て、公園のなかに野鳥の巣箱をかけようということになった。

これまで娘の幼稚園の裏山に五年間、毎年巣箱をかけてきたが、巣箱を観察することは環境学習の効果が高いことを実感していた。

また野鳥を守るという視点からみても、巣箱をかけることはメリットが大きい。一般的な巣箱は、シジュウカラやヤマガラという都市のなかでも比較的数が多い種類の鳥が利用するが、巣箱の形や大きさを変えれば、もっと多くの種類の野鳥の繁殖を助けることができる。

巣箱かけの行事を行うにあたっては、過去に稲城市が行った観察会の参加者にダイレクトメールを送って広報してもらった。その結果、九組の家族が集まった。巣箱かけの行事は、以前は愛鳥モデル校の活動などでいろいろな所で行われていたが、最近では実施しているところも少なくなっている。参加者のほとんどの家族にとって、巣箱かけは初めての経験だった。

行事ではまず、巣箱をかける意義について話をして、その後、実際に巣箱をつくり、公園の散策路沿いに合計八個の巣箱をかけた。巣箱には、記念にとそれぞれ日付と名前を書いてもらった。

野鳥の繁殖が本格的に始まるのは二月からだ。一一月にかけた巣箱はそれまでの間、静かに森のなかで出番を待っていることになる。

〈**巣箱が破壊された！**〉

さて、それからしばらくして冬休みに入った。

年が明け、新年を迎えた朝、いつものようにぼくは娘と一緒に城山公園を散策していた。そのとき、景色のなかに違和感を感じ、目を凝らしてあたりを見た。するとあるはずの場所に巣箱がない。不審に思って、付近を探しまわったところ、茂みのなかにバラバラにされた巣箱が隠されているではないか。

その場の状況から想像すると、わざわざ木によじ登って巣箱を固定しているシュロ縄を切って地面に落とし、足でかなり念入りに蹴り壊したようだった。ほかの巣箱も点検してみたところ、八個中二個の巣箱がたたき壊されていた。板の破片には、巣箱づくりのイベントに参加した親子が書いた名前がかろうじて残っていた。ぼくは娘とともに、誰だかわからない人の悪意にたいして、怒りと不気味な恐怖を感じていた。

気を取り直していったん自宅に戻り、巣箱を回収するために大きなトートバッグを持ってきて、茂みに転がった巣箱の残骸をていねいに回収していった。

自宅のベランダで、巣箱の残骸を広げながら、何とか巣箱を元に戻そうとした。まず、割れた板はボンドで修復し、一晩乾かしてから再び巣箱を組み立ててみる。多少いびつだったが、組み立てられないことはない。参加者の顔を思い出すと何とか修復したいとぼくは作業に没頭した。

二日間試行錯誤した結果、完全ではないけど何とか巣箱の形に戻すことができた。こうして、二〇一四年のぼくの三が日は、消えていった。

破壊された巣箱

〈公園は誰のもの〉

少し気持ちが落ち着いたので、なぜこんなことが起こってしまったのか、こういった事態にたいしてどのように考えたらよいのか考えてみた。

まず、公園という場所は、さまざまな人がいろいろな目的で利用している場所である。城山公園では、ラジコンを飛ばしている人、犬の散歩をしている人、ジョギングをしている人、移動のために通過している人、花や虫を撮影している人もいる。公園はルールを破らない限り、それぞれの楽しみ方をしてもよい場所である。しかし同じ場所を、静かに自然観察する人と、ラジコンで遊ぶ人、ジョギングする人が共有しているのだから、お互いがお互いを尊重しないとトラブルになる。

そうした公共の場所は、ずっと以前は入会地とか共有地という形で、地域のコミュニティのなかでお互いに協力し合って管理し維持されていた。ところが、現在では、地域のコミュニティではなく行政が管理することが一般的となり、市民は管理の担い手からは離れてしまった。自分では管理をせず一方的に利用するだけという関わり方は、「何をしてもいい」という、どこかいびつな感覚を生んでしまうのではないか。

また、地域のコミュニティが管理していた時代と比べると、今ははるかに多くの人が利用している。今回のようなことがあっても、誰の仕業なのか皆目見当もつかない。このことは、匿名性を強める結果となり悪質ないたずらや嫌がらせの温床になりがちである。

では、こうした状況にぼくたちに何かできることがあるのだろうか？

ひとつは、もっと積極的にぼくたちが城山公園で行っていることをＰＲしていく。観察会の告知を公園に掲示させてもらうとか、野外解説板を設置するのも有効だ。

そうすることで活動に賛同してくれる人がでてくるかもしれないし、暗に「しっかりと目を光らせているぞ」という意思表示にもなる。これが悪質ないたずらへの抑止力にもなるのではないかと思う。そして、公園利用者の間で顔見知りの関係を広げていくことが、根本的な解決につながっていくのではないか。

もうひとつは、一般の来園者にたいして排他的、独善的にならないように、自分たちの気持ちをコントロールすることが必要だと感じた。ぼくたちが大切に思っているフィールドで、ゴミが捨てられたり、看板が壊されているのを見ると、怒りを覚えることがある。しかし、公園は「ぼくたちだけの場所」ではない。当たり前のことだが、そのことを見失うとぼくたちの活動は成り立たないと肝に銘じておくべきだ。

公園を子どもたちの拠点に

城山トコロジストの会の活動が始まってから、子どもたちの様子が少しずつ変わってきた。たとえば、会の発足以来ずっと参加してくれている三歳の女の子のお父さんが、こう話してくれた。

「最近娘は、休日になると『しもやまこうえん（城山公園）へ行こうよ』とせがむんですよ。本当にこの公園が好きになってきたみたいです」
毎月毎月、城山公園へ通ううちに場所に慣れ親しんで、行かずにはおれなくなったのだろう。ちょうどぼくが娘を城山公園に連れ出し、毎週同じ場所、同じ道を散歩していくうちに、場所に馴染んでいったのと同じような効果だと思われる。幼児であっても、段階をふんでいけば場所への強い愛着が生まれるのだということが、自分の娘以外の子でも立証されたような気がした。

さらに、子どもたちの生きものへの抵抗感が減り、強い関心を向けるようになってきたことも大きな特徴だ。観察会の前には触れなかった生きものに、観察会の後半では触れるようになった。バッタやセミなどは近寄ったらすばやく手でつかむのがコツであるが、力の加減を間違えてしまうと強く握りすぎてしまう。しかし、躊躇すると逃げられてしまうので、ある程度思いきりも必要だ。虫を捕まえるだけの行動だが、そのためには虫との駆け引きだってある。大げさにいえば狩りをする野生生物のようなしやかさが要求される。

こうしたことを子どもたちが学習するためには、親子のような上下の人間関係だけでなく、子ども同士のように水平な関係のほうがよいことも、ぼくや娘が経験してきたことだ。その子ども同士の関係にも徐々に変化が見られるようになってきた。最初は学校のなかの関係がそのまま持ち込まれていた。しかし、トコロジストの会にはさまざまな年齢層の子どもたちが参加してくる。常連の参加者を中心に異年齢の関係が生まれ、より緊密な人間関係がつくられ始めてきた。

小学校で自然観察の授業

〈きっかけは娘の宿題の日記〉

城山トコロジストの会を立ち上げて一年余りたった二月。娘の通う小学校の担任の先生から、四年生の理科の授業で自然観察の指導をしてくれないかと連絡があった。

　妻を介して聞いたところ、こういうことだった。小学校四年生の理科には、四季の自然観察の時間が組み込まれているが、先生に自然観察の経験がないため十分な体験をさせることができない。そんなところに、娘の日記でぼくが学校の近所の公園で自然観察会を行っていることを知り、ダメもとで声をかけたということだった。

　遅い夕飯を食べながら妻から様子を聞いて、少し考えた末に、自信はなかったが引き受けることにした。ぼくのほうも自然観察会は軌道に乗ってきてはいたが、その次のステップを探していたときでもあったのだ。自然観察会は、毎回口コミで集まった数家族と和気あいあいと行っていた。それはそれで楽しく意味のある活動だと思う。しかし、稲城市に住む子どもたちの総数から見れば無に等しい数だ。もう少し効率的に多くの子どもたちに体験の機会をつくれないだろうかと、考えていたところだった。

〈授業の内容を企画する〉

その後、授業のなかでどのように自然観察を行うかについて、先生との打ち合わせが始まった。といってもその方法は、家庭と学校を行き来する連絡帳を使ったものが主だった。ぼくはそのころ職場でいろいろ重なって、平日に休みをとって学校に行くことができなかったし、先生も日中は授業で忙しく、また電子メールを自由に使える環境にもなかったためだ。

打ち合わせの結果、日程は三月一三日になった。年度末の忙しい時期だったが、職場の同僚とも相談してなんとか休めそうな平日を確保し、この日にしてもらった。

児童の人数と対応時間は、四年生二クラス（一クラス三九名）で七八名。それを一、二時限目に一組、三、四時限目に二組を対応することになった。小学校の授業の一時限は四五分だから、休憩時間を含めて二時限で一時間四〇分ある。そこから学校とフィールドの往復の移動時間や最初の導入と最後のまとめの時間を差し引くと、現地での観察時間はおおよそ五〇分程度しかない。

場所は、ぼくが普段フィールドにしている城山公園ではなく、学校の前の斜面緑地に決めた。自然の豊かさは城山公園には及ばないが、なるべく移動時間を減らして時間を有効に使いたいと思ったのと、子どもたちが登下校のときに通る場所がいいと思ったからである。近くを通りがかったときに、「そういえば、自然観察の授業で見たあれ、どうなったかな?」と寄り道してくれるようになれば理想的だ。

休みの日に時間を見つけて下見をしたところ、道は狭いし周回コースがとれないので子どもたちは同じ道を往復することになる。三九人の子どもたちが細く列をつくり、同じ道を往復するとなると、十分な観察もできないだろうし、斜面なので危険も伴う。そこで、クラスの人数を二班に分けてもらうようにお願いし、観察する場所も二か所に分けることにした。子どもたちには一か所二〇分ずつ、二か所観察してもらうことになる。

授業のすすめ方は、あらかじめ道沿いに簡易解説板を何枚か設置しておいて、補助的にそれを見ながら観察してもらう方式をとった。解説板を用意するのは大変だが、これなら人数が多くても安心して対応できる。それに、ぼくが言葉だけで語りかけるよりも具体的に目をひくものがあったほうが子どもたちの注意を集めやすいだろうという目論見もあった。

〈授業本番〉

観察会の運営スタッフは、ぼくと妻のほか、城山トコロジストの会のメンバーに呼び掛けたところ、稲城市役所の工藤さんが手伝ってくれることになった。

さて準備万端整えて迎えた本番当日、娘を学校に送りだしてから三〇分後、ぼくは娘と同じ教室にいた。教壇の上に立ち先生から紹介を受けながら、席についてこちらを見つめている娘と目があった。なんだか妙な気分だ。

簡単に自己紹介をした後、早速子どもたちを学校の前の緑地に誘導した。野外に出ると教室にいたときと違って、子どもたちのテンションが上がっていく。

緑地の前の公園で再び集合してもらい、簡単なオリエンテーション。そしていよいよ緑地のなかへ足を踏み入れていく。今回、観察の素材を選ぶ際には、できるだけその季節の旬な素材であること、触ったり、においをかいだりと五感を使える素材であること、見つけにくいものを探してもらったり、かぞえたりといった実際に子どもたちができる作業の要素を含ませることを念頭においた。

「ほら、オオカマキリの卵が何かに食い破られているよ。きっと鳥の仕業だね。カマキリの卵は鳥にとって冬の間の貴重な食料でもあるんだよ。触ってみると、固いスポンジのようだよ」

「このあたりの木の根っこを見てごらん。筒状の巣が地中から伸びて木にへばりついているでしょう。ジグモというクモの巣なんだよ。ロープで囲った範囲のなかに何匹のジグモが巣をつくっているかかぞえてごらん」

「この木のなかに、虫の卵やまゆがいくつあるか、みんなでかぞえてごらん」

気がかりだった子どもたちの反応は、思いのほかよかった。小学校四年生ともなると観察力や論理的な思考能力が発達して、細かい違いを見つけたり、観察したことを発展させて推理したりといったことが無理なくできていた。好奇心を刺激すると、グイグイと食いついてくる。この点では、幼児中心の城山公園での観察会よりも反応がよかったかもしれない。

授業の様子

途中雨に降られて傘をさしながらの観察となったが、結果は十分に満足のいくものとなった。今回観察した場所は、ほとんどの子どもたちにとって、普段そばを通ることはあってもじっくりと腰を落ち着けてみる機会はなかった場所だ。今までさしたる関心もなかったこの場所に、さまざまな生きもののイメージを重ねられるようになったことの意義は大きい。

授業の最後には、教室に戻り今日見た生きものをふりかえりながらまとめの話をした。そして城山公園で行っている観察会のことをＰＲすることも忘れなかった。

〈年間を通じた観察を〉

授業が終わった数日後、連絡帳を介して先生からお礼のメッセージが届いた。その返事のなかで、ぼくは今後のことについてこう伝えた。

「今回は私にとっても貴重な体験をさせていただきました。今後についてですが、できれば一回だけではなく四季を通じて同じ場所で観察を続けることをお勧めします。四季の変化を見ることができるし、同じ場所で生きものとのふれあいを重ねることで、緑地にたいしても、ただ木が生えている場所というだけでなく、生きもののイメージを重ねて認識することができるようになります。こうしたことが、緑地にたいしてだけでなく、自分が暮らしているこの街にたいして特別な愛着をもつことにつながるのではないかと思います」

小学校五年生になると、今度は地球環境問題のテーマが単元のなかに入ってくる。しかし、実感のもちにくい地球規模の温暖化や熱帯雨林の問題を、十分な原体験を積まないままで考えさせることは、子どもたちを環境問題から遠ざけることにしかならない。ぼくとしてはその前にできるだけ、身近な場所での自然体験を積ませてあげたいと考えていた。

そして、新学期を迎えた四月の中頃に娘の担任を交代された先生から、また四年生の授業を受け持つことになったので、今度は年間を通して可能な範囲で授業を担当してもらえないかと打診がきた。自分で言い出したことなので引き受けることにした。授業の後、何人かの子どもたちが城山公園の観察会に参加してくれていたことも背中を押してくれた。

学校の授業で広く浅く体験の場を用意し、城山公園の観察会では深く継続的に体験する場を用意する。このふたつが軌道に乗って補完し合うようになれば、子どもたちを対象にしたトコロジスト活動は大きく前進することになるはずだ。

〈さらなる課題が見えてきた〉

一方で今回のことを通して課題も見えてきた。最近の小学校では、地域の人材を講師として求めているが、地域のなかにその期待にこたえられる体力がない。ぼくのできる範囲のことはぼく自身で対応していこうと思う。しかし、稲城市には一一校の小学校がある。これらの小学校すべてで対応できるようにしたいと考えると、ぼくだけが走り回っても追いつかない。援助する側の脆弱さを実感するばかりだ。

どうすれば、こうした学校支援を仕組みとしてつくっていくことができるかについても考えていかなければならない。対応できる講師を増やすための研修会や、学校と人材をつなぐ仕組みも検討したほうがいいだろう。その際に、現役世代が平日の授業のために仕事を休むことは、まだまだむずかしい。勤め先の理解も必要だろうし、土曜授業などで対応するなど学校側の配慮も必要だと思う。

家庭と地域と仕事がつながる

娘の小さな異変に気づき、近所の森を娘と散歩することから始めたぼくのトコロジスト生活は、その後、畑を耕すことをとおして場所とのかかわりが深くなり、幼稚園を拠点にした活動をへて、次第に地域社会とのつながりを濃くしていった。そして、近所の公園での観察会の立ち上げや小学校の授業など、活動の場はどんどん広がっている。

これらの経験から、フィールドをもつことは、うまくするとと家庭、地域、仕事と、それまでバラバラだったことをつなげていくきっかけになるのではないかと感じた。ぼくは幼稚園を活動場所にしたことで、パパ友のネットワークが一気に広がった。仕事帰りに一緒に飲みに行ったりすることも多くなり、趣味の話、子育てや地域の話、仕事や社会のことなど話題はいろいろな方向にとんだ。それまで思いもしなかった考え方が見えてきたりして、自分のなかに幅がでてくるような気がした。

ぼくがよく付き合っていた人たちは、自動車メーカーや自動車部品、家電メーカー、半導体、薬品業界、補聴器メーカー、ホテル業、水質調査、教師、整体師、庭師、カメラマンなど、実に多彩だ。でもやはり一番変わっているのはぼく自身かもしれない。自然保護NGOの職員という職業自体、彼らにとっては未知のものだったに違いない。パパ友たちとの付き合いは、ぼくにとってなくてはならない得難いものとなっていった。

さて、膨らんでいったぼくのプライベート生活は、巡り巡って今度は仕事に返ってくるようになった。異業種のパパたちとの交流や地域の人たちとの交流で得た感覚は、そのままぼくの生活者としての感覚となり、仕事のなかで新しい企画を提案することもでてきた。とくに、自分と同じ立場の子育てに熱心なお父さんを意識した企画は仕事上でも大切なテーマになった。

逆に仕事のなかで考えたことが地域活動のなかに還元されることもあった。また、プライベートで付き合っていたパパ友が仕事上の付き合いになったこともある。こうなると、いったいどこからが仕事でどこからがプライベートなのか線を引くのがむずかしい状況になってきた。

プライベートと仕事をはっきり線引きしろという人が多いが、しょせんひとりの人間の時間なんて限られている。それだったら、フィールドを介して、仕事も子育ても地域活動も生涯学習もすべてつながっていたほうが効率はいいはずだ。

ぼくの場合は仕事が特殊といえば特殊だったが、それを差し引いたとしても、仕事とは違った人間関係をもつことは視野を広げてくれるはずだし、それは必ず仕事にも反映されるものだと思う。そうした人間関係を自分が住んでいる地域のフィールドを軸にもつことができれば、そこに家族や子どもも巻き込みやすい。

このようにして、フィールドを介して仕事もプライベートも充実させていけるところがトコロジスト生活のよいところだと思う。

トコロジストは第二の仕事

トコロジストとは、自然に関心のある人だけをいう言葉ではない。現代人にとって重要な生き方のヒントを指し示している言葉だと思う。

ぼくの子ども時代は、高度経済成長による高揚感と公害による暗くよどんだ不安感が同居しているような時代だった。そのなかで、遊び場だった身近な自然がことごとく失われていく経験をした。その後、青年期ではバブルの狂乱とその崩壊のなかで、世の中の浮き沈みに踊らされることのむなしさを思い知らされた。そして長引く不況のなかで親になった。

これから先、子どもたちが生きていく時代はさらに大きく変わっていくだろう。円熟した経済状況と少子高齢化社会、これに加えて環境という待ったなしの制約要因とも闘っていかなければならない。

ぼくはひとりの親として、子どもたちにはこの厳しい時代を幸せに生きていくための力を身につけてほしいと願っている。時代の浮き沈みに影響されず、自分の感覚で身のまわりの環境を把握し、その場所に根ざした生活を送ることができる人になってほしい。そうした生活を楽しむ感性を身につけてほしいと思っている。その基礎となるのが、トコロジストの視点なのだと思う。

ぼくは、トコロジストは第二の仕事だと思っている。もちろん収入が得られる仕事ではないが、仕事と同じくらいの責任を自覚しているという意味だ。

子どもたちにトコロジストを伝えていくためには、まず大人から見せていかなければならない。何を信じていいのかわからないこの時代だからこそ、自分のフィールドを歩き、土地に愛着をもちながら幸せに暮らしている大人自身の姿を見せていくことが大切なのだと思っている。

第二部

トコロジストになろう！

序章

さあ、あなたもトコロジストになろう

始めることは簡単だ。とにかく歩き始めること。ただ、歩き方を少し工夫することがポイントである。まずは、自分がいつも歩く場所（フィールド）を一か所決めて、そこをくりかえし歩く。

「歩いているうちに、いつの間にか一〇年も過ぎていた」

「最初は、野鳥観察だけのつもりだったけど、そのうち興味が広がって、昆虫や植物、歴史についてもいろいろ興味がでてきた」

フィールドの歩き方に「これ」といった正解があるわけではない。これから書くことを参考として、自分自身にあったやり方を工夫してみてほしい。

第一章

第一歩はフィールドを決めることから

フィールドとは？

いわゆる「散歩」の歩き方と「トコロジスト」の歩き方の違いは、ひとつには歩く場所の決め方にある。

一般的な散歩の場合は、「車が少ない道」とか「景色のいい道」という具合に、どこかお気に入りのコースを決めて歩き、その日の気分で歩く場所や範囲、距離などを変えていることが多いと思う。

これにたいしてトコロジストの歩き方は、自分の歩くエリアをあらかじめしっかりと決めて、地図上に線で囲っておく。そして線で囲った範囲のことを「フィールド」と呼び、フィールドのなかをすみずみまで気を配って歩くのだ。

範囲を明確に決めておくのは、観察の集中力を持続させて小さな自然の変化に気づきやすくするためである。ひとつの場所であっても、季節が変われればまったく異なる生きものの営みが見られる。二〜三年同じ場所を見続けていけば、年ごとの変化が見えてくるし、それを一〇年間続ければさらに大きな経年変化が見えてくる。重要なのは「同じ場所を見続ける」ということだ。

というわけで、トコロジストになるための第一歩は、自分の「トコロ」すなわちフィールドを決めることから始まる。

通いやすいフィールドを見つけよう

日本野鳥の会には、全国各地で行っている探鳥会（バードウォッチングのイベント）のボランティアリーダーが三千人以上いて、そのなかには、三〇年以上も同じフィールドに通い続けている猛者が大勢いる。彼らの多くは、自宅から五〜一五分のところにフィールドがあることが共通している。

自宅からフィールドまでの移動時間は、一五分以内であればいうことはない。このくらい近ければ、雨が降ってもすぐに避難できるし、忘れ物を取りに帰ることもできる。三〇分くらい時間ができれば「ちょっと行って見てくる」ということが可能だし、朝出勤前に歩くことも可能だ。また、用を足したいと思ったときはトイレが近くになくても自宅に戻ればいい。

フィールドの広さは?

「広ければ広いほどよい」というわけではない。広すぎると目が行き届かないし、狭すぎても環境に多様さがなくなってしまい、フィールドの面白みに欠けてしまう。経験からいえるのは、最初のフィールドは、三〜四キロメートル程度のコースがゆったりととれる広さがちょうどいい。

自然観察をしながらゆっくりとしたペースで歩くとすると、多少の個人差はあるが、時速一〜二キロメートルといったところだろう。これは大人が普通に歩いたときの、半分以下の速さだ。このスピードで二時間フィールドを歩くと、移動距離は三〜四キロメートルになる。

また、観察にはときとして集中力を必要とする。その意味でも、二時間という長さは妥当なところだと思う。

街中の公園をフィールドにする

市街地の公園は、何かの理由によってそこだけ開発されずに残った場であることが多い。ということは、その公園はもともとその土地がもっていた起伏をあらわしているかもしれないし、市街地化される前の面影を残しているかもしれない。

ぼくが娘と歩いている公園には、「陸軍用地」と書かれた石杭がところどころに立っている。実はここは旧陸軍の弾薬工場の敷地に隣接していたのだ。戦後、その土地は米軍に接収され、現在では大部分が米軍のレクリエーション施設となっている。

街中の公園をフィールドにして少し踏み込んでみると、その土地にしみ込んだ別の物語が見えてくることがある。

川をフィールドにする

トコロジストの初めてのフィールドとして、もうひとつお勧めしたい場所が川である。川は公園と同様、市街地のなかで重要な自然環境であり、自然観察の初心者にとっては観察に適した場所でもある。

「陸軍用地」と書かれた石杭

バードウォッチングでも、初心者には森や海辺よりも川をフィールドにするよう勧めている。森や林では、木が茂っていて視界が狭いので、木々の間を移動する小鳥を観察するのはむずかしい。また海辺や大きな湖などでは鳥との距離が遠すぎて、これも初心者にはむずかしい。その点、川（とくに川の両岸の間が、二〇メートル程度の川）であれば、視界が適度に開けているうえに、カモやサギなどの野鳥は小鳥に比べて体が大きく動きも緩慢なので、望遠鏡や双眼鏡を使わなくても比較的簡単

川面から川を見る。水面に近い視線で川を見ると、上から
ながめるだけではわからない生きものの様子が見えてくる

に見ることができる。

また、水のなかに入ることができれば、野鳥だけでなく魚や水生動植物が観察できるし、河川敷の草原に行けば、バッタやカマキリなどの昆虫も豊富だ。ある程度の広さの面積があって、野趣あふれる自然を堪能できるのが川の魅力である。

生活の場をフィールドにする

「フィールド」という言葉からは、公園や緑地、大きな池や川など、まとまった規模の自然のある場所がイメージされるかもしれないが、自分の生活の場そのものもフィールドになる。

まずは地図を見ながら自宅の周辺を歩いてみる。すると、大きな規模の自然はなくても、街中に点在している小さな規模の自然があることに気づくはずだ。たとえば、傾斜がきつくて開発されずに残った斜面緑地、工場や学校、その他の公共施設の敷地内にある小さな緑地、街路樹や芝生、背の低い植え込みや小さな池など。

さらに、緑だけが自然ではない。電柱や家の軒先、道路建設予定地の荒地や、ビルのなかのちょっとした隙間なども、都市に暮らす生きものにとっては大切な住処になっていることがある。

生活の場をフィールドにすることには、いくつか利点がある。そのひとつはフィールドを歩く頻度が格段に高くなるということである。通勤や、買い物など、日常そのものがフィールドワークになるのだから「時間がない」という人にはお勧めだ（→コラム）。

もうひとつの利点は、自分の子どもが通っている学校とか、ときどき仕事帰りによる飲み屋とか、自分の生活と接点のある場所に生きもののイメージが重なると、同じ風景がまったく違って見えてくることだ。

田端さんはこの「通勤バードウォッチング」で、ヒヨドリやキジバトなど街中で普通に見られる鳥の行動の面白さに夢中になったという。スズメの群れを見かけたときでも、「あ、スズメだ」で見過ごすのではなく、何羽いるかかぞえることによって、実はスズメじゃない鳥が混ざっていたりして、より細かく具体的に見るということが身についていったというのだ。また、途中でいつも会う人とあいさつを交わすようになり、地域の人間関係が思いがけず広がるといったこともあったという。

記録した情報を集めて、あとで鳥の種類別に表をつくったり、数をまとめてグラフをつくったりすると、初認（ある渡り鳥を1年のうちで初めて確認した日）、終認（姿を見なくなった日）、季節移動の様子がいろいろわかってきて、自分の街の鳥の動きが見えてくる。鳥の視点で自分の街を見るという経験は、自分の街への愛着をさらに強めてくれるに違いない。

通勤バードウォッチングのすすめ

浜口先生の発想から、「トコロジスト」という言葉を提案した日本野鳥の会の会員田端裕さんは、実践のひとつとして「通勤バードウォッチング」を勧めている。毎朝、通勤時に自宅から駅までの3キロメートルの決まった道を歩きながら、街中の鳥たちの種類と数を調べるというものである。

「フィールドを歩こう」というと休みの日の半日がつぶれてしまい、忙しい人だとそれだけでも敬遠してしまうかもしれない。しかし、通勤ルートをフィールドにしてしまえば、毎日フィールドを歩くことができる。

具体的には、いつもの通勤ルートを少し変更して、車の通行量が少ない道を選んだり、少し遠回りになっても公園や川のある場所をコースに入れたりして、双眼鏡とメモ帳と筆記具を持ちながらいつもより少し早く家を出る。歩きながら途中で見られた野鳥の種類と数を、手持ちの地図や記録用紙に書き込んでいく。

学校の校舎のすき間にはスズメの巣が密集している

資材置き場で営巣するコチドリ

ムクドリに襲われてぼろぼろになったトカゲ

芝生のなかにいたハリガネムシとカマキリ

水たまりでイワツバメの泥集め

スーパーマーケットの駐車場に営巣したイワツバメ

生活の場の生きものたち

第二章

地図を片手に歩く

地図を見ることの意味

地図はフィールドに出るときの必需品だ。しかし、毎回同じ場所を散歩するのに、今さら地図なんか見る必要があるの？　と思われるかもしれない。

でも、あえてお勧めしたい。何度も通っている自分のフィールドだからこそ地図を見てほしい。

普段歩きなれている場所を、あらためて地図を見ながら歩くと、客観的にその場所を見ることができる。地図を見ることは、上空から全体を眺めることになる。出発地点と目的地点を同じ視界のなかに収めながら、自分はどんな地形の場所を歩いているのかを俯瞰《ふかん》して見ることになる。すなわち足元にある個々の生きものを見ながら、同時に上からもっと大きな枠組みで地形や景観などを見ていることになるのだ。

歩いているときの目線

地図を見ているときの目線

そのほかにも、観察のムラやバラつきを防ぐという効果もある。人間の注意力にはどうしてもムラがある。しかし、地図を見ながら歩くことにより、その間一定した注意力が保たれ、観察にムラが生じるのを押さえてくれるのだ。

また、自分がフィールドで見たことを他の人に伝えるのにも地図は便利だ。住所では表現できない位置情報を、正確に伝えることができる。

地図は地形図を使おう

書店には実にたくさんの種類の地図が売られているが、その多くは、車やバイクに乗る人が道を調べるためのロードマップだ。しかし、ロードマップは、フィールドを歩くときに使うにはやや不向きである。

では、どんな地図がよいのか。フィールドでは地形図を使いたい。地形図は、国土地理院が発行している二万五千分の一の地図が基本だ。等高線によって地形が描かれた地図のことである。なぜ地形図がよいかというと、建物や交差点などの人工的な目印が少ない場所では、等高線の形によって地形を把握し、民家の位置、道の曲がり具合などによって総合的に現在地を割り出すことができるからだ。

しかし、二万五千分の一の地形図を広げて実際に歩いてみると、正確な現在位置を示すにはこの縮尺では小さすぎることがある。（注）

特に、道を歩きながら見つけた生きものの場所を正確に地図に書き込んでいくような作業の場合、少なくとも一万分の一の縮尺、できれば、五千分の一程度の縮尺の地図がほしい。こうした地図は、各自治体で独自に作成していることが多いので、市役所の都市計画課などに問い合わせてみてほしい。

二万五千分の一の地形図は、国土地理院のホームページから必要な場所

（注）地図の場合「縮尺が小さい」といったときには、より広域で大まかなサイズの地図を指し、「縮尺が大きい」といったときには、より狭い範囲で詳しく描写された地図のことを指す。

の地形図を無料でダウンロードすることができる。パソコンがない場合は大きめの書店で入手できる。

地図は二通りの倍率でコピーする

一万分の一か五千分の一の縮尺の地図を入手したら、原版は大切に保管しておいて、実際にフィールドで使う地図はコピーしたものを使う。コピーは二通りの倍率でしておく。

ひとつは自分のフィールド全体がA４サイズにすっぽりと収まるくらいに拡大した広域地図（小縮尺の地図）で、これは常に自分のフィールドの全体像を把握しておくために使う。今歩いている道がどのような地形のなかにあるのかを見たり、遠くに見える鉄塔や山の位置から現在地を見つけるときに便利である。

そしてもうひとつは、実際に観察した生きものの位置を書き込むためのの

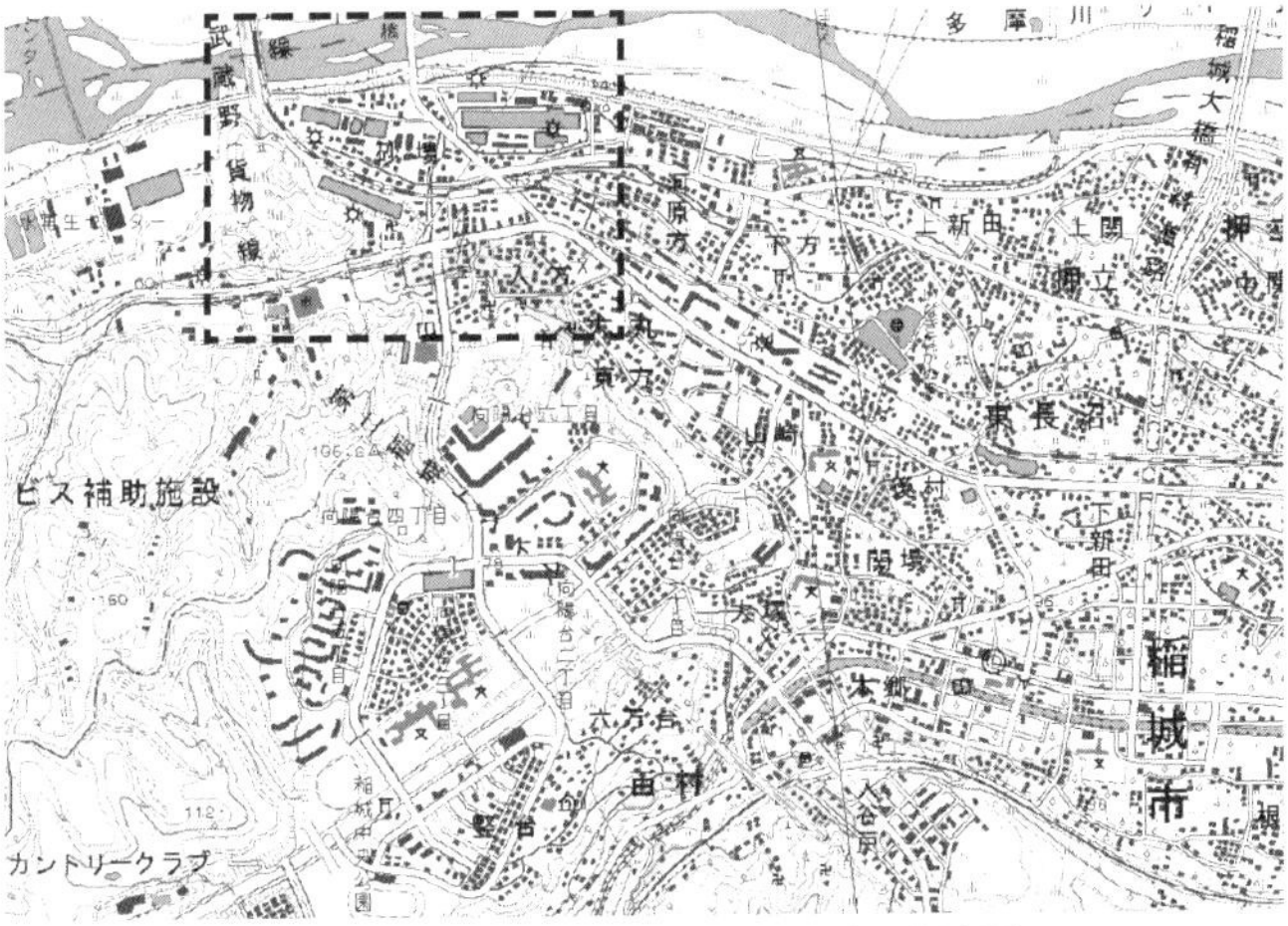

広域地図（フィールド全体を範囲に含めた地図）

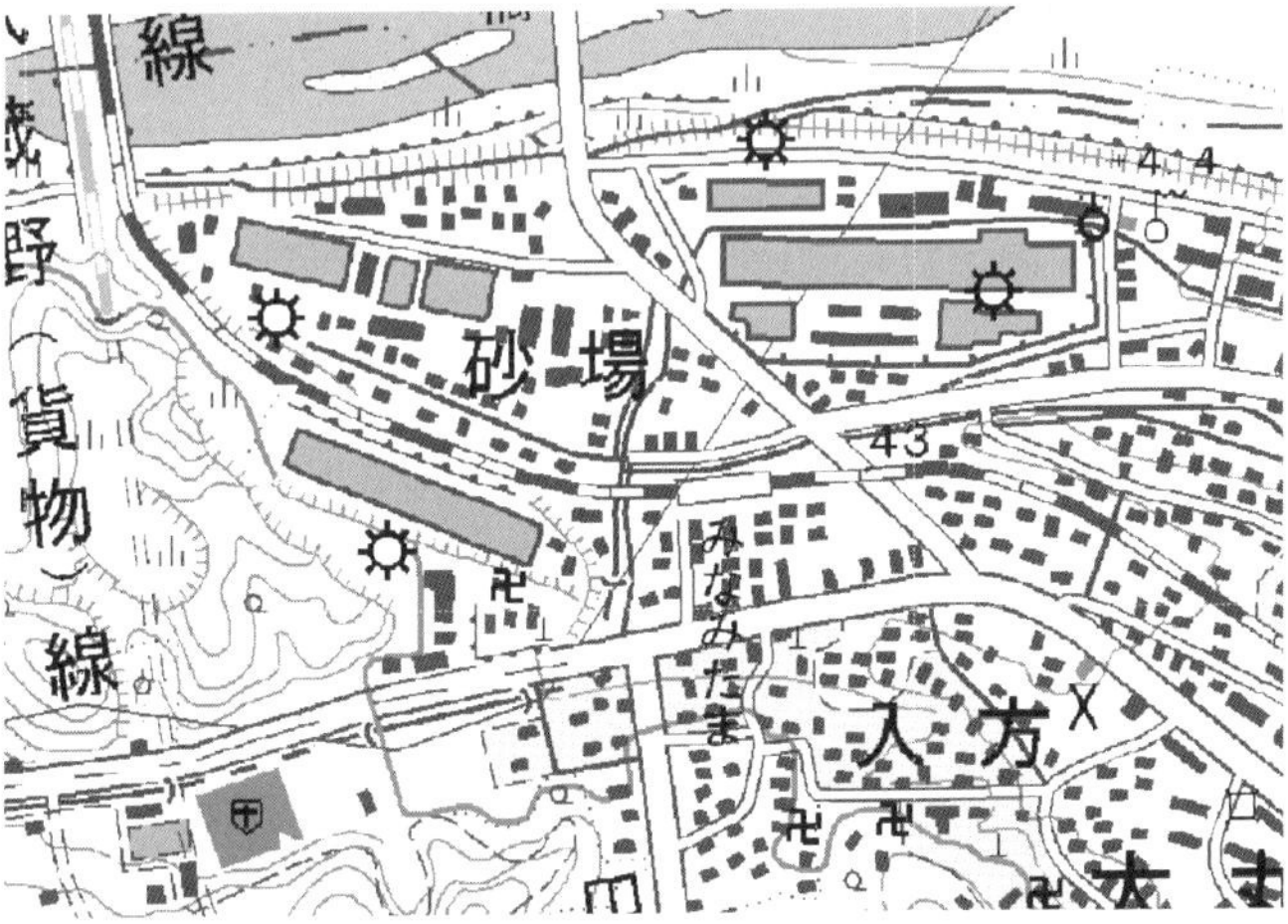

詳細地図（その日に歩く範囲だけを拡大して切りとった地図：上の図の点線部分）

詳細地図（大縮尺の地図）だ。広域地図をある程度均等にブロック分けしておき、そのひとつのブロックをさらに拡大コピーした地図をＡ４サイズで用意しておく。広域地図と詳細地図は同じ地図を使用することと、枠外にスケール（目盛り）も一緒に貼り付けてコピーすることがポイントである。

また、地図をコピーするときには、ある程度余白を広めにとってコピーする。地図に直接情報を書き込むときに便利だし、書き込んだ文字が後で判読しやすい。

細かいことだが、こうした小さな工夫がフィールドでの作業をスムーズにしてくれる。

地図と現地の状況が違うとき

地図を見ながら現地を歩いていると、ときどき困ったことが起きる。地図と現地の様子が食い違っており、現在位置を見失ってしまうことだ。

こんなアクシデントを防ぐためには、地図は必ず最新の地図を使うこと。そして事前に地図を見ながら現地を歩き、これらの食い違いを解消しておくことである。そのうえで、「地図と現地の食い違いはあるのが当たり前」とわりきっておき、たとえ現地で混乱が生じても慌てずに対処することが肝心だ。とくに時間に追われた調査でないなら、現在位置がわかる場所まで移動してみて、そこからもう一度道をたどってみると、どこでわからなくなったかわかる。

ちなみに現在位置がわからなくなる原因として多いのは、地図が古くなっていた、また自分が地図を読みそこなっていたというケースである。

土地利用図をつくってみる

土地利用図とは、文字通りその場所がどんな使われ方をしているのか、ひと目でわかるように色分けして表示した地図のことである。

つくり方は簡単。地形図には、さまざまな種類の地図記号がある。畑や田んぼ、果樹園のほか、住宅地、工場などの大きな建造物など、細かくその場所の土地の使われ方が描かれている。この地図記号にそって、大ざっぱに色を塗り分けていけばよい。

この図をつくってみると、自分のフィールドのなかにはどんな場所が多いのか、ひと目で見渡すことができる。それは、普段自分が歩いて見ている印象と必ずしも一致しているとは限らないのだ。思いこみを修正し、客観的に自分のフィールドを把握することに役立つ。

そして、土地利用図に生きものを見つけた場所の情報を重ねてみると「なぜこのような分布になったのか」理由を考えるヒントにもなる。

たとえば、モズという鳥がいつも同じ場所の木の枝に止まっていることがある。それを土地利用図と重ねてみると、その木は、林と草地を行ったり来たりするのに便利な場所だということがわかる。モズのエサは草地に

土地利用図

図は、ぼくが普段歩いている1.5km四方の範囲を「樹林地」「市街地」「裸地、荒地」「草地」「畑、果樹園」に塗り分けたものだ。「樹林地」は、森や林のこと。「市街地」は、住宅地や工場が密集している場所、「裸地、荒地」はグランドや、資材置き場などである。

これを見るといろいろなことに気づく。まず、自宅のまわりには丘陵地が残っており緑の多い地域であることがわかる。そして、2本の川と古くから水田のために引いた用水路が張り巡らされ、水辺の環境が充実している。多摩川の河川敷には背の高い草原が広がっており、「森」と「水辺」と「草原」がバランスよく、生きものにとっては恵まれた環境であることがわかる。

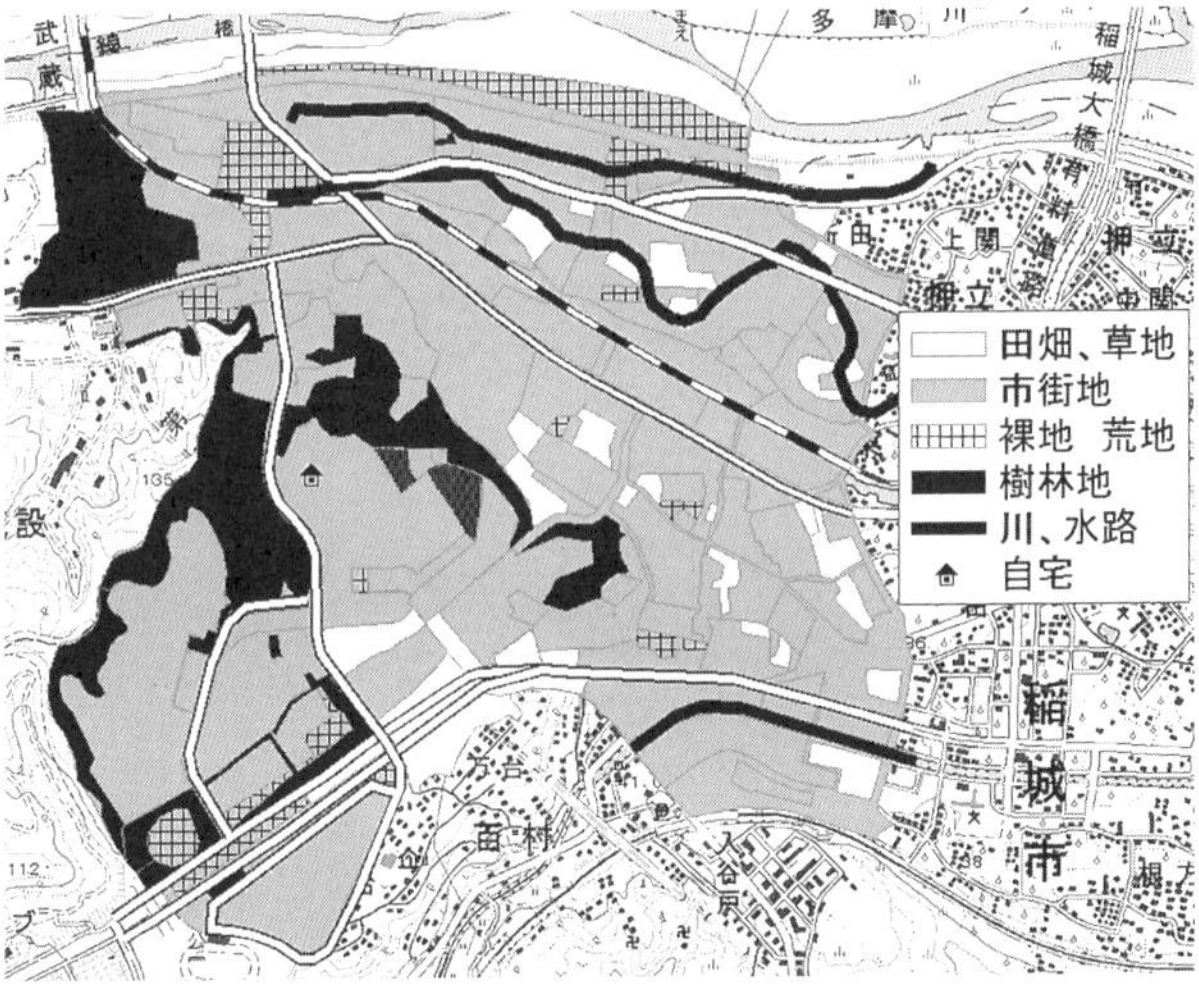

自宅周辺の土地利用図：樹林（黒）、荒地・裸地（メッシュ）、
田畑・草地（白）、市街地（灰色）で構成されている

住むバッタやカエルであり、エサ場を見渡せる木の枝に止まっていることが多いのだ。

フィールドを航空写真で見る

地図を見ることに慣れてきたら、航空写真を見ることにもチャレンジしてほしい。

パソコンが使える人であれば、ウェブ上で簡単に好きな場所の航空写真を閲覧することができる。Yahoo！やGoogleといったサイトの閲覧サービスが充実している。まず地図で自分のフィールドを特定した後、航空写真との切り替えボタンをクリックすることにより、閲覧が可能だ。

ただし、航空写真を見るには若干の慣れが必要である。地図と違って航空写真には、地名や駅名、道路の名称などの表示があるわけではない。とくに都市部については、市街地が複雑な形で広がっており、初めて見る人はどこがどこだかさっぱりわからないに違いない。

位置関係を確認するコツは、まず身近な川の位置を確かめ、その川沿いをたどりながら地形や市街地の様子、緑地の形などを頼りに場所を特定していくことである。

航空写真を見る体験は、自分が鳥になって滑空しているかのようであり、自分のフィールドがどのような大地の連なりのなかにあるのかわかり、刺激的な体験となること請け合いである。

上空から見た緑地

第三章

フィールドの見方、歩き方いろいろ

同じ場所を継続して歩く

自分のフィールドの地形図を入手したら、できるだけこまめにフィールドを歩こう。フィールドに通った回数や歩いた時間の長さに比例して、トコロジストとしての見識があがっていくのだから。

トコロジストの基本は、「ひとつの場所をくりかえし歩く」ということである。とくに最初のうちは同じ場所、同じ道をくりかえし歩いてみることが場所になじむコツである。

何度も歩いてはじめて、鳥や虫の声、赤く色づいた木の実、道端の花など、その季節の生きものの存在に気づける余裕が生まれてくる。そして次第に「あの木の幹にはハラビロカマキリの卵がある」とか、「あそこの木ではいつもモズが止まっていて高鳴きをしている」というように、いつも見かける生きものの行動パターンがわかってくる。

さらに目をつむっても歩けるほど道に慣れてくると、見つけにくい場所に止まっている野鳥や、葉の陰に隠れている虫、樹皮のすきまに産み付けられたクモの卵嚢《らんのう》なども目につくようになってくる。そして、同じ種類のクモであっても、エサがよく獲れる場所にいるクモは体が大きく、そうでない場所のクモは体が小さいということにも気づけるようになる。こんなことに気づいてきたら、かなり目が肥えてきたといってもいい。

定点ポイントを決める

ぼくは散歩コースにある大きなネムノキを、必ず見るようにしている。娘と一緒の散歩であるが、そばを通りがかると立ち止まって、葉や花の開き具合や、花にやってくる虫などを観察するのが常だ。

そして「前よりもたくさん花が咲いてきたね」とか「花に来る虫を狙ってツバメが来ているよ」といった具合に、娘と一緒にその木を観察した出

定点ポイントを決めておき、毎回必ず観察するようにしていると、細かい季節の変化が見えてくる

来事を写真にとり、フィールドノートに記録していくのだ。

定点ポイントは、小さなため池や土手の斜面などを特定の場所にしてもおもしろい。ある場所から見た風景でもよい。同じ角度から見える風景の写真を撮り続けるだけでも、長年続ければ環境の変化が見てとれて貴重な資料となるだろう。

フィールドへ通う頻度

フィールドへ通う頻度が高ければ高いほど、きめ細かくその場所の変化を把握することができるのはいうまでもない。とはいえ、年間どのくらいのペースで通ったらよいだろうか。

大まかに季節の変化を把握するのなら、最低でも月に二〜三回。これなら月始めと月の中ごろで二週間ごとの変化を追うことができる。

花や虫、鳥などの「初認日」や「終認日」を確認するのなら、週二〜三回はフィールドを歩きたい。「初認日」というのは、「サクラが開花した」「ヤマアカガエルが産卵した」といったように、季節を象徴する出来事が初めて確認できた日のことだ。その逆に、「終認日」というのは、「冬鳥のツグミがいなくなった」「アブラゼミが鳴き終わった」といったように、季節を象徴する出来事を最後に確認した日のことを指す。

「初認日」と「終認日」は、季節の動きを事実として知るうえで、とても大切な情報だ。

初認日は確認した日がわかればよいが、終認日は、その生きものの姿が見られなくなった後も観察し続け、その後も姿が見られないことを確認しなければならないから、初認日の確認より数倍むずかしい。

歩く速さを変えてみる

「歩く速さ」も大切だ。歩く速さによって、気づくことのできる情報量がまったく違ってくる。

　ぼくは、よく自分のフィールドをジョギングすることがあるが、そのときのスピードは時速約七～一〇キロメートルだ。この速さで走っていると、よそ見をすることはできないし、せいぜい自分の前方一〇メートル以内のものしか目に入らない。大ざっぱな地形や環境の違い、目立つ花や木の実、大きな声で鳴いている野鳥や虫の声くらいしか気づくことができない。

　歩くときのスピードは時速二～四キロメートルくらいである。このく

移動スピードによって気づける情報が変わってくる

らいになると、周囲の生きものの気配をうかがって歩くことができる。視野は後方にまで広がり、半径三〇メートルくらいにまでになる。

上の娘が小学生になってからは、ぼくは下の娘と一緒にフィールドを歩いているが、幼児は目にとまったものに興味をもち、その場にしゃがみこんだりして、なかなか前へ進まない。そうなると時速は一キロメートルくらいではないだろうか。

そのくらいのスピード感で歩いていると、やぶのなかで身を隠している野鳥や、花の蜜を吸いに来ているチョウにも気づくことができる。また、発見したことをフィールドノートに記録する気持ちの余裕も生まれてくる。

面で歩いて空間認識を広げる

通常、「歩く」というときには、「家から駅までの道のりを歩く」といったように、ある地点からある地点までを結んだ線上を歩くということをイメージするかもしれない。しかし、ある場所の全体像を把握しようとすると、それではすまなくなることがある。

ぼくは娘と森のなかを散歩するときは、いつも同じ道を歩くことにしているが、ときどきわざと違う道を通ったりもする。

たとえば山道などで道が二手に分かれているところで、いつもとは違う道を歩いてみると、急に不安がり「ここどこ?」「ねえ、もどろうよ!」と言い出す。しかし、ほんの一〇メートル先でいつもの道と合流すると、すぐに自分の居場所が認識できて安心する。そして、何度も「ねえ、今どこを歩いてきたの?」とたずねてくる。娘のなかで場所認識が軽い混乱状態になっているのだ。

このように決まった道を歩きながらも、ときどきコースをはずれて歩くことで、少しずつ自分の歩いている場所を立体的に把握することができるようになっていく。つまり、線から面へ、面から立体へとその場所の空間認識が広がっていくのだ。

生きものの分布を面で把握する

　植物や昆虫などの生きものは、人間の感覚では気づかないちょっとした環境の違いを選んで生息している。そのため、生きものの分布を把握しようとするときにも、面で歩き把握するという感覚が必要になる。

　たとえば、暗い森のなかから、森の外側へ一歩出ただけで、日光の入り具合が大きく変わり、見られる生きものの種類がまったく変わってく

生きもの地図（すべての道を歩いてスズメがいた場所を表わした）

る。人間にはたった一歩であっても、生きものが住む環境としてはまったく別世界になってしまうことがあるのだ。同じ地形のなかの谷と尾根では地面の湿り具合が異なり、そこに暮らす生きものが違っているのはよく経験するところである。

　ここで問題となってくるのは、「面で歩く」といったときに歩くコースの設定の仕方である。太い道だけでなく、車の通れないような細い路地もすべて歩くので、あらかじめ歩き方を決めておかないと現地でとまどってしまう。ぼくがよく使う方法は、歩く場所をあらかじめ地図上で五〇〇メートル四方くらいの小ブロックに小分けにしておいて、その小ブロックのなかをしらみつぶしに歩くというやり方だ。

いろいろなメガネでフィールドを見る

　トコロジストは場所の専門家であるから、「鳥」や「虫」「植物」などの生きものはもちろんのこと、それらの生きものを育んでいる「地形」や「土壌」「水」といったことについても関心を向けていきたい。

さらに、「歴史」的な視点や「人や社会との関わり」という視点で見るということも忘れてはならない。その場所はもともとどんな場所だったか、あるいは地権者は誰か、行政の将来計画ではどのように位置づけられているのかについても情報を集めていく。

ひとつの場所をいろいろな視点で見るということは、たとえて言うと、その場所を見るために視点ごとにメガネをかけかえているようなものだろう。

たとえば森のなかを歩くとき、野鳥を探しながら歩く視野と、虫を探しながら歩く視野はまったく異なる。野鳥を探す場合は、歩いている一〇メートル以上先の自分よりも上を見ながら歩き、虫を探すときには、二～三メートルくらい先の目線よりも下を見ながら歩くことが多い。だから、野鳥と虫を両方探しながら歩くというのは、むずかしい作業なのだ。

また、昆虫は捕まえて観察することができるが、野鳥はそういうわけにはいかない。したがって観察スタイルも、昆虫は捕まえて見るというスタイル、野鳥は双眼鏡を使って手を触れずに見るというスタイルになり、これがフィールドの見方にも影響してくるのだ。

しかし、それぞれの生きものを探しながら歩くことに慣れてくると、次第に「こういう場所には、こういう種類の鳥がいるに違いない」「こんな環境にはこんなチョウがいるはずだ」ということがカンでわかって

「鳥メガネ」で見ると

「虫メガネ」で見ると

くる。林のなかの光の入り具合や枝や草の茂り具合など、微妙な環境の違いがなんとなく判別できるようになってくるということなのだと思う。キノコ採りの名人がいるというのも同じ理屈であろう。

しかし、ひとりの人のなかにあらゆるメガネを備えるのはむずかしい。そこでお勧めしたいのは、自分の不得意な分野を知って、その分野に詳しい人に一緒に歩いてもらうことだ。歩きなれているはずの自分のフィールドにたいして「こんな見方があったのか！」と、目からウロコが落ちる感覚を味わうことができる。

水に沿って歩く

ぼくは、自宅近くを流れる全長一〇キロメートルほどの川の源流部の里山をフィールドのひとつに決めている。ここは丘陵地の地形と湧水地の地形を利用して、古くから水田が営まれてきた。水源地から湧き出てきた水は、用水路を経て各水田に水を供給し、カエルやドジョウ、ヤゴ、ホタルなど多くの水生動植物を育み、昔ながらの里山の生態系を維持してきた。その水はやがて一本の川になり、市街地へと流れてゆき一級河川の多摩川に合流している。

ぼくはここで畑を借りて家庭菜園を楽しんでいる。土を耕し、用水路の水を散水して作物を育てているのだが、あるときぼくは水がどこからやってきてどこへ流れているのかが気になり、水に沿って歩いてみた。

谷戸の入り口から用水路にそって谷の奥へと歩いていくと、ところどころで枝分かれしながら、次第に用水路が細くなっていく。やがて谷のどん詰まりまで行きつき、その土手からパイプがつきでており、水が流入しているのを確認した。

そして、今度は源流部から下っていき下流部の多摩川との合流地点まで歩いてみた。谷戸の出口から三面護岸の川になり、市街地のなかをゆるやかに蛇行しながら流れ、多摩川へ合流していた。

そのときぼくは、川の中流域のところでとんでもないものを見つけた。それは川の本流から巨大な放水路が分岐しており、その放水路は地下へと潜り込んでいたのだ。この地下放水路の正体は、大雨で水位が上昇したとき、氾濫を防ぐための放水路だった。

ぼくの住む高台のニュータウンは、丘陵地を切り崩し、広大な雑木林を伐採して建設された。ところが、そのため土地の保水力が低下し、川が氾濫することが心配された。これを解決するために、川の水位が上がったときには地下放水路で水を逃がすことが考えられたわけだ。

ぼくは、この放水路のおかげで今の場所に住んでいるということになる。

自分のフィールドから水への関心が高まり、どのように流れているのかを知りたくて歩いていたら、自分が住む場所のためにどれほど大きな代償が払われたのかということをつきつけられてしまった。それでショックを受けたが、知らないよりも知ることができてよかったと思う。

水源地

谷戸田

市街地（上流部）

三沢川分水嶺(ぶんすいれい)
(増水時に直接多摩川へ水を
逃がす地下放水路)

市街地（下流部）

多摩川との合流部

水に沿って歩く（水源地から多摩川合流部まで）

第四章

記録する

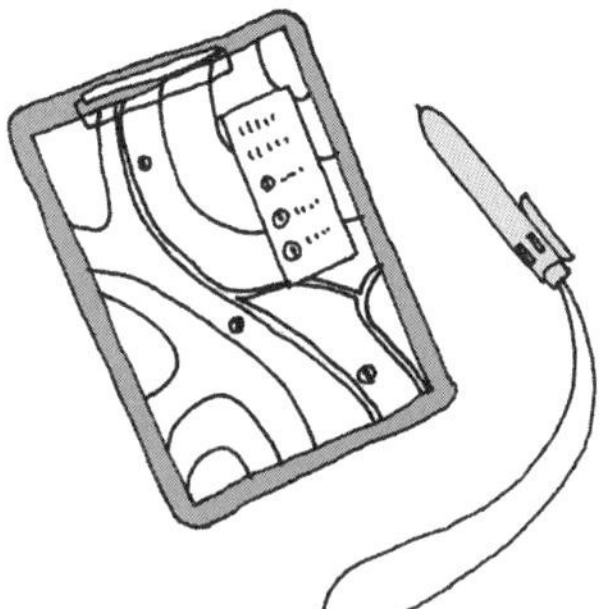

記録で観察力アップ

「観察記録をつけると、どんないいことがあるんですか?」

研修会で「記録をつけましょう」と言うと、こんな質問をよく受ける。バードウォッチングを始めてから、最初のうちはこまめに記録をつけていたのだが、活用方法もわからなく、いつの間にか億劫になりやめてしまった、という人が意外と多いのだ。

たしかに観察記録をつけるのは、面倒だ。筆記具やフィールドノート(観察手帳)を持ち歩かなければならないし、観察の途中でカバンから筆記具を取り出し、立ったままの姿勢で書かなければならない。記録を残す習慣を身につけるためには、そのメリットや意義を十分に理解していなければとても続かないだろう。

観察記録をつけることの最も大きな意義は、記録するつもりで観察していると、観察力が向上するということである。観察記録をつけ始めると無意識のうちに「どのように記録しようかな？」ということを考えながら観察するようになるのだ。

記録を残すためには、最低限「いつ」「どこで」「誰が（何が）」「何をしていたか（どんな様子だったか）」の四つの情報が必要になる。「いつ」というのは日付と時間、「どこで」はその場所の名称や細かな場所の説明を書く。そして「誰が（何が）」は観察した生きものの名前、「何をしていたか（どんな様子だったか）」については、たとえば鳥だったら、何か食べていたとか、休んでいた、さえずっていた、飛んでいたなど、具体的な行動を書く。また、植物であれば、花が咲いていた、実をつけていたなど、そのときの状態を文章で描写すればよいだろう。

こう書くと、記録することは簡単なことのように思われるかもしれないが、実際にやり始めると初心者にとっては戸惑うことも多い。まず観察対象の生きものの種類を特定することがむずかしい。その場で識別できないことも多いので、デジカメで撮影したり、簡単なスケッチを描いたりして、自宅に戻ってから図鑑やインターネットで調べることもでてくる。ましてやその生きものが何をしているのかということを記録に残そうと思ったら、じっとその場にとどまり、その行動や様子を観察してみないとわからないことが多い。

たとえば「メジロ」という野鳥が、本当に木の実を食べたかどうかを確

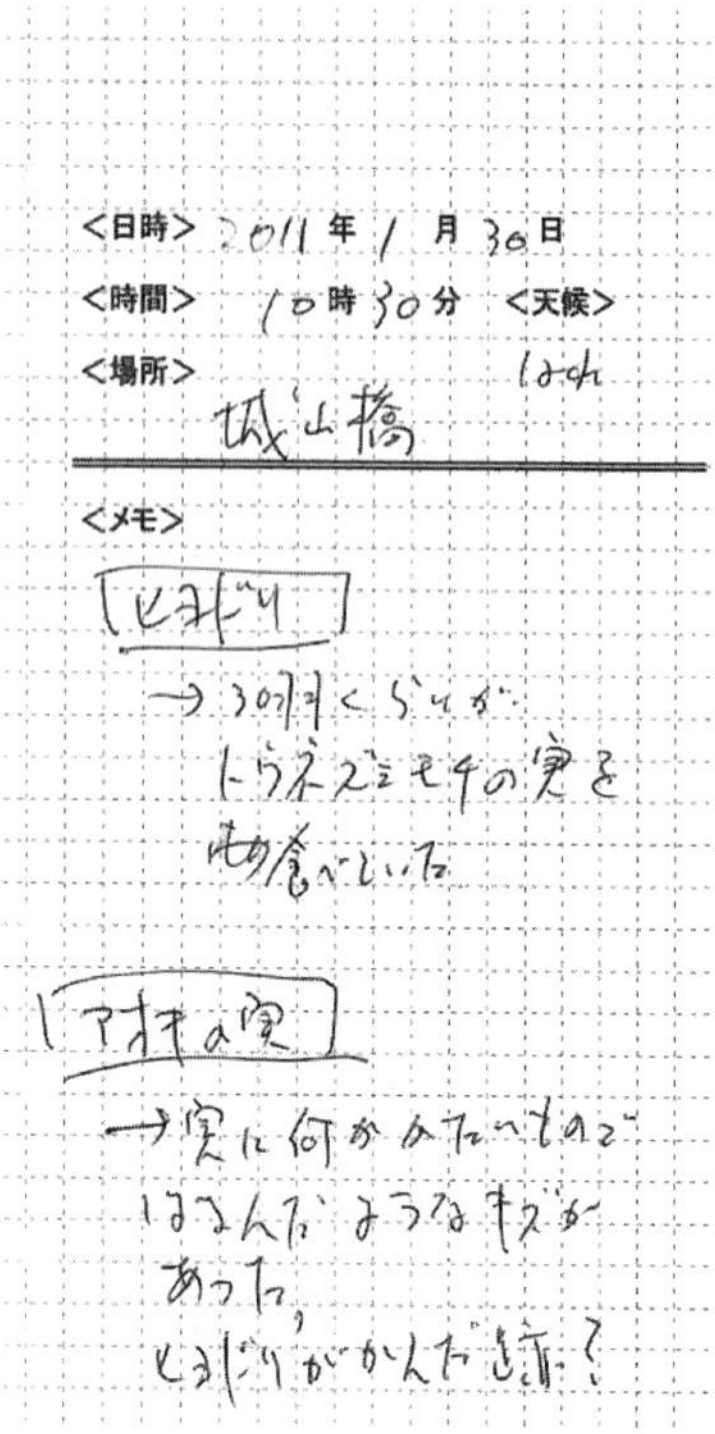

観察記録事例：日づけ、時間、天気、場所、何がどうしたかを記録する

認するためには、木の枝に止まったというだけでは不十分だ。実際に食べる瞬間を目撃しなければならない。そうすると、その野鳥の行動をずっと追いかけている必要があり、それだけで五分や一〇分はあっという間に過ぎていく。木の実の種類なども特定することも案外とむずかしい。実のなっている木の葉や樹皮などを撮影しておき、あとで調べて記録に残しておければ完璧だ。

最初は不十分でもよいので、その場でメモをとる癖をつけよう。三か月後、自然を見る目がまったく違ってくるはずだ。

記録は記憶をつなげる

自分のフィールドを何度も歩いていると、「あれっ?」と思う場面に出くわすことがある。

「この虫は以前、似たものを見たぞ」

「この鳥は以前もこういうしぐさをしていたな。あれはいつだったかな」といったように、過去の観察の記憶とダブり、それがいつどこで見た記憶だったのか、どのような状況だったのかを確認したくなる場面が出てくるのだ。

こうしたとき観察記録をつけておくと、すぐに過去の記録をさかのぼってみることができる。その結果、長い間疑問だったことが解消したり、新しい観察の視点が生まれてきたりする。疑問だったことの答えがわかるというのは、観察をしていて至福のときでもあるし、一方で記録の情報の精度を上げるという意味もある。このことは、後に述べる情報を発信しようとするときに、情報に責任をもつという意味で大切になってくることである。

だから、たとえあやふやな情報であっても、記録だけは残すようにしておくことが大切だ。それが後になってきっと生きてくる。記録の仕方としては、あやふやな部分については、「?」をつけておくなどして、書いたことが事実なのか、推測なのかがわかる書き方をしておくとよいだろう。

どんなフィールドノートを使うか

観察記録はフィールドノートというメモ帳に書く。フィールドノートは人に見せるものではなく個人的なメモなので、人によってさまざま書き方があってよい。しかし、観察した日付や時間、場所、天気は必ず記録しよう。

次に、種名、数、その生きものがどんな状態だったのか、何をしていたのかについては可能な限り文章で表現しておく。さらに観察したとき、どこにポイントをおいたのか一目でわかるようにスケッチを描き加えておくとよい。絵が上手である必要はなく、後で見返して自分でわかればよい。

フィールドノートのオーソドックスなのは、「sketchbook」「level book」などの商品名で出ている測量用の野帳だ。野帳の表紙は堅い厚紙でできており、大きさも手ごろで野外でも記録しやすいように工夫されている。

　しかし、野帳は製本されており上手に書いていかないと、記録がごちゃごちゃになり、後でどこに何を書いたかわからなくなってしまうことがある。正直なところ、ぼくには使いづらかった。

　その点、浜口先生から教わったシステム手帳は便利だ。ページが一枚一枚バラバラになっているので、これならいくらでも書き直しができるし、後で順番を入れかえることもで

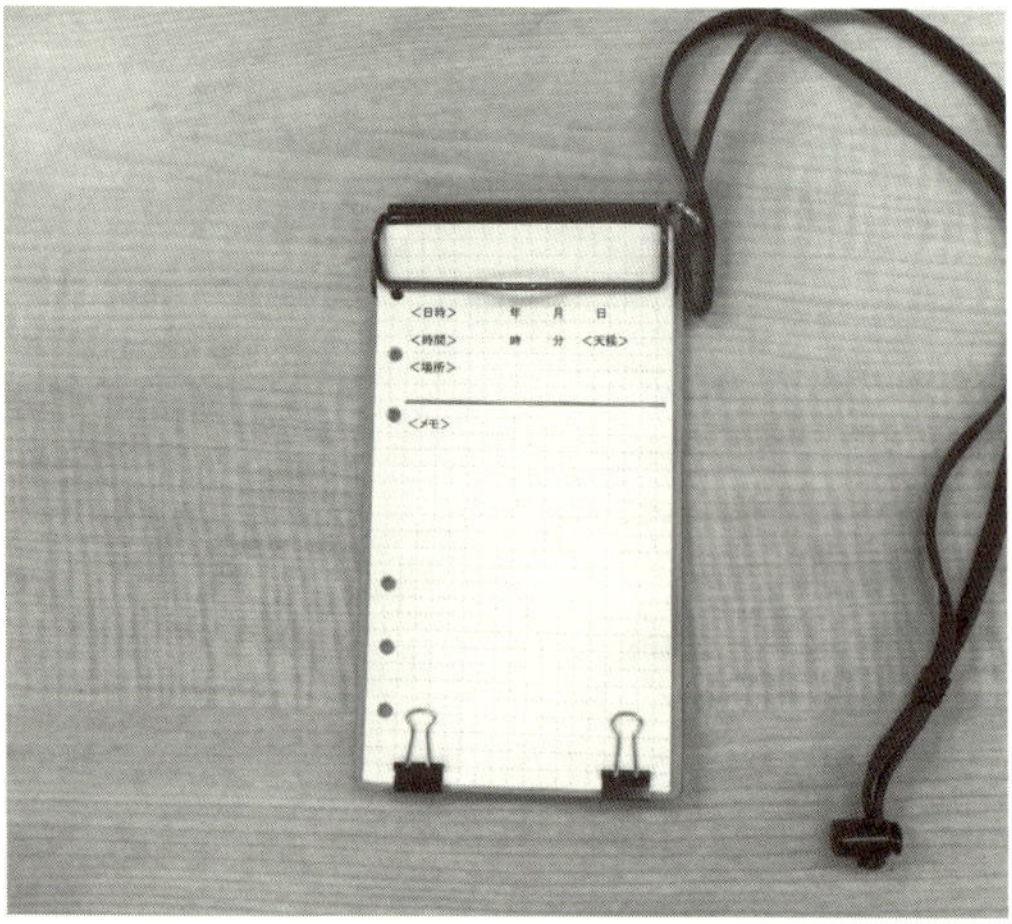

リフィル（補充用のカード）とバインダー

きる。日付ごとにページを分けるようにすれば、混乱することもなくなる。ぼくはシステム手帳を使うことによって、観察記録をつけるという習慣を身につけることができた。

野外では手帳本体は持ち歩かず、必要な書式を自分でリフィルに印刷しておき、これを一〇〇円ショップで売っている伝票用のバインダーを改良して常に挟んで持ち歩いていた。たったこれだけの書式だが、あるのとないのとでは大違いだ。見た目にそろって見えるし、日付や時間、場所などの基本事項の書き忘れがなくなるというメリットがある。

さらに記録で工夫している点は、日付ごとに別の紙に書くようにしていることである。余白がたくさん出た場合など、紙がもったいないが、こうすることで日付を混同しないで時系列順にリフィルを管理することができるし、地図も折り畳んでシステム手帳用のポケットファイルに入れてリフィルと一緒に保存することができる。

一方で、フィールドノートを使った記録で不便なのは、位置情報を記録

地図を使ったフィールドノート

位置情報をていねいに残していきたい人にお勧めである。相模原市立博物館の生物担当の学芸員、秋山幸也さんが工夫してやっている方法である。地図をフィールドノートとして使うのだ。

A4 サイズのコピー用紙のなかに、自分のフィールドがすっぽりと収まるように地形図をコピーして、普段からその地図を何枚も持ち歩く。そして、フィールドで何かを観察したときには、その地図の余白をうまく使いながら図のように記録を残していく。そして、自宅へ戻ってから、A4 サイズのファイルに時系列に地図をファイリングしておくというやり方だ。

しにくいことだ。詳しい場所の概要をスケッチで残すか、地図を貼り付けるなど方法はなくはないが、あとから記録を探すときに探しにくいという欠点がある。そこで、少し変わった方法（地図を使ったフィールドノート）で観察記録を残している人もいるので紹介しておきたい（→コラム）。

記録に役立つ道具たち

〈クリップボード〉

地図を見ながらフィールドを歩くときに、必需品といってよいのがクリップボードである。これがあると、歩きながら地図を確認する作業がやりやすく、記録もしやすい。

クリップボードは一枚のボードでできているタイプのものと、二つに折りたたんで使用するタイプのものがある。ぼくが愛用しているのはA４判の二つに折りたためるタイプのものだ。雨に濡れにくいし、地図や記録用紙を複数枚同時に見ることができるなど利点が大きい。

〈双眼鏡、虫眼鏡〉

双眼鏡は、大きく分けると、折りたたむと手のひらで隠れるほどの大きさになるコンパクトサイズのもの、しっかりした観察に耐えうる通常のサイズのもの、さらに重量感ある大型サイズのものがある。

ぼくは二台の双眼鏡を使い分けている。一台は八倍で手のひらに収まるサイズのもの。このサイズの双眼鏡は、散歩用のポーチのなかに図鑑とともに入れておいたり、通勤のときにカバンのなかに入れて持ち歩いている。ただし、レンズのサイズが小さいため見え味は今ひとつだ。もう一台の双眼鏡は、一〇倍の双眼鏡である。これは調査のときなどしっかりと細かいところまで見たいときに使っている。

次に虫眼鏡だが、いろいろ探したところ、「シマミルーペ」という虫眼鏡を見つけた。この虫眼鏡は、洋裁屋さんが生地の具合を見るためのルーぺであり、折りたたむとコンパクトだし、広げると顕微鏡のように使うことができる。子どもに見せやすいし、写真も撮りやすい。おまけにスケールが入っているので大きさの判別もできる。

〈ボイスレコーダー〉

毎年五〜九月くらいまでの間、野鳥のさえずりやカエルやセミの大合唱、秋になると鳴く虫が耳を楽しませてくれる。録音のための機器としてボイスレコーダーがお勧めである。最近の機種は、高性能で手のひらサイズで、遠くの声でも録音できる。おまけに電子ファイルで保存できるので場所をとらない。まだまだ使っている人は少数派だが、カメラほど大げさな装備がいらないので、経済的にも助かる。

〈デジカメ〉

フィールドワークではデジカメは必需品だ。見知らぬ虫や小動物を見つけたときには、デジカメで何枚か写真を撮っておけば、自宅に帰ったとき、図鑑やインターネットを使って調べることができる。ぼくは一般的な家庭用のデジカメを使っているが、望遠機能やマクロ機能などがあれば、なおよいだろう。

〈**ポーチ**〉

ぼくはフィールドに出るとき、よほどのことがない限りかばんは持ち歩かない。デイパックなど背中に背負うタイプのカバンは、荷物を出すのに一度カバンをおろさなければならず、野外での調査のときなどは不向きだ。どうしても必要なときは荷物を取り出しやすいトートバッグを持っていくが、これもないにこしたことはない。

ぼくが持っていくのは、最低限必要なものだけを入れていくポーチだ。図鑑、財布、ルーペ、デジカメ、携帯電話、ボイスレコーダーを入れて肩から袈裟がけ（たすきがけ）にするタイプのものを使っている。

第五章

記録を管理する。発信する

記録を管理しよう

観察記録をつけ始めると、記録がたまっていく。次第に、必要なときに必要な情報を取り出すことがむずかしくなってくる。そこで、パソコンのエクセルなどの表計算ソフトを使ってフィールドノートに記録した情報を一覧表にしておくと便利だ。

表計算ソフトに入力しておくと、すべての情報を時系列に並べかえることもできるし、生きものの種類ごとに並べ替えることもできる。ま

た、二つ以上のキーワードを使って並べ替えることも簡単だ。これができると、過去にどのような観察を重ねてきたのかをまとめてみることもできるし、ある場所で年間どのような生きものが観察できるかを整理して、その場所の歳時記をつくることもできる。

観察記録、三つのまとめ方

自分がフィールドで観察したことを個人の範囲内にとどめておくのか、それとも積極的に発信し、公共のために情報を活用してもらうところまで視野に入れるのか、その差は大きい。

トコロジストとしては積極的な情報発信を心がけてほしいと思う。観察したことを多くの人と共有することで、その場所の環境の変化（悪化）をいち早く察知し、その保全に向けたアクションを起こすことにも役立つはずである。

そこで必要になってくるのは、今まで蓄積してきた観察記録をどのようにまとめればわかりやすい情報になるのかということだ。

その場所の生きものの暮らしぶりを表わすには、三つの方法がある。それは「生きものリスト」「生きものごよみ」「生きもの地図」である。「生きものリスト」はその場所に「何がいるのか?」、「生きものごよみ」は「いつ見られるのか?」、「生きもの地図」は「どこにいるのか?」ということを表わしている。

〈生きものリスト〉

あるフィールドにどんな生きものが住んでいるのかを表わすときに、最も単純な方法はその場所で確認された生きものの名前のリストをつくることである。日ごろ書きためた観察記録を生きものの種名ごとに並び変えて、過去に一度でも確認した生きものの種名をすべてリストに入れていく。いわば、その場所の生きものの戸籍簿づくりということになる。

単純な表現方法なので一見すると簡単そうだが、それだけに奥が深い。多くの種名を並べてリストの完成度をあげようとすると、何度もその場所に通わなければならないし、何年もかけて見ていく必要がある。植物、動物、菌類など幅広い識別能力も必要になるので、ひとりで調べようとしないで、鳥に詳しい人、虫に詳しい人、植物に詳しい人などに、自分のフィールドを見てもらって、情報を集めるという工夫も必要になってくる。

自分のフィールドの近くに、「自

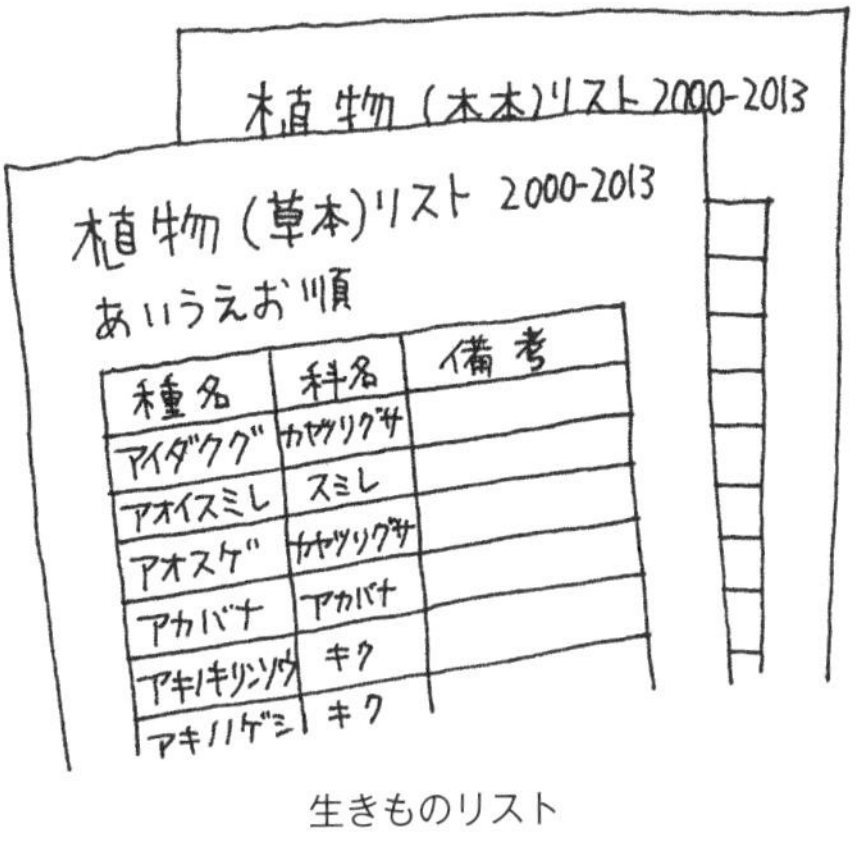

生きものリスト

然観察センター」とか「ネイチャーセンター」などの自然観察のための施設があったら、ぜひ訪れてみてほしい。多くの施設では生きもののリストを作成している。自分のフィールドと地理的に近い場所にある施設なら、比較してみると共通点も多く参考になる。

〈生きものごよみ（暦）〉

生きもののリストは、種名を並べただけの最もシンプルな表現方法だ。これに時間軸の動きを加え「いつ見られるのか」を表現すると「生きも

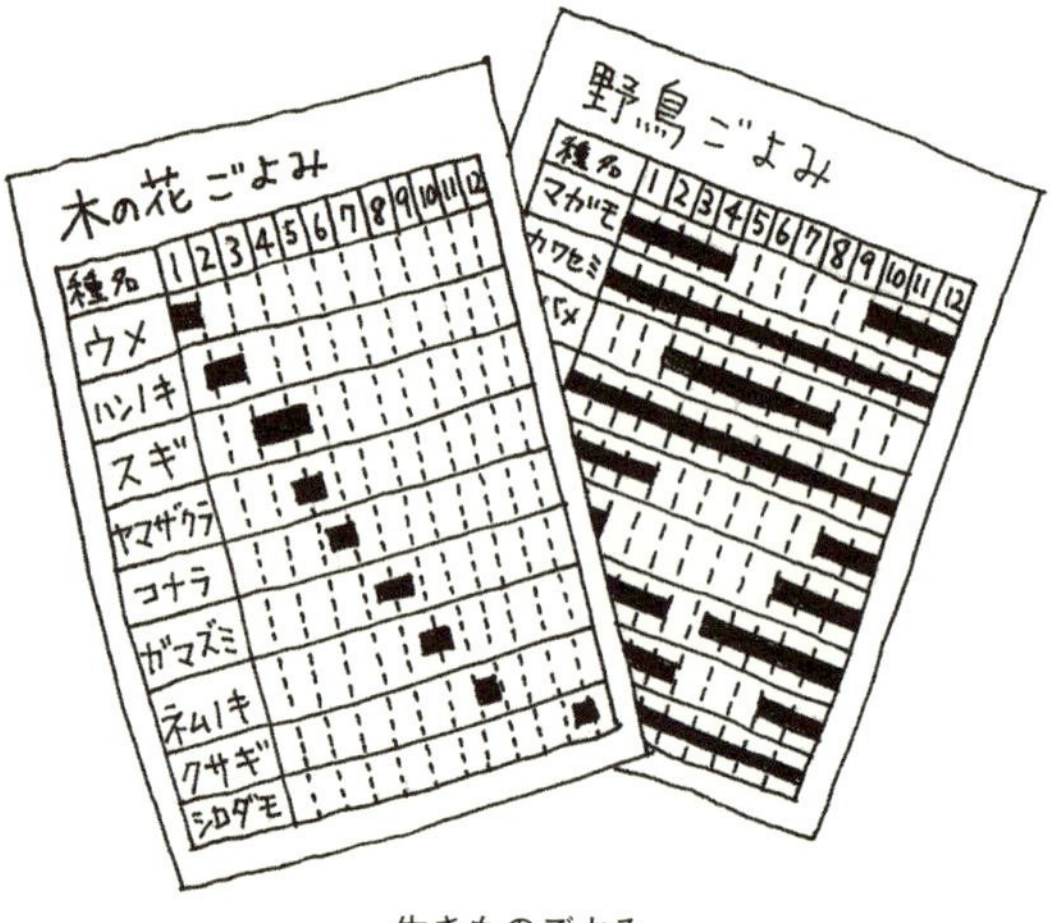

生きものごよみ

のごよみ」になる。この見せ方は、樹木や野鳥など一年のうちで、ある生きものがいつ見られるのかを表わす方法であり、「鳥ごよみ」「鳴く虫ごよみ」「花ごよみ」「木の実ごよみ」といったものが代表的なものである。

こうした、生きものごよみをつくるといろいろなことが見えてくる。季節ごとに「いつどんな花が咲くか」「渡り鳥はいつやってくるか」「いつどんな木の実がなるか」など。たとえば木の実は野鳥の食べ物になるわけだが、木の実ごよみからは、その場所の野鳥の食べ物事情が垣間見える。季節ごとに野鳥がどんな木の実を食べているのか、こよみのなかから推測することもできる。

〈生きもの地図〉

どこにどんな生きものがいたのか、その生きものがいた場所を表わしたものが「生きもの地図」である。

生きもの地図は、一見すると図鑑などでよく見る分布図に似ている。しかし、いわゆる分布図と違うのは地図の縮尺である。分布図は全国レベルや全県レベルのように、広域の地図で表わされていることが多い。一方、生きもの地図で使う地図は、五千分の一や二千分の一の縮尺のものを使う。それこそ一軒一軒の民家や細い道に至るまで細かく照合できる地図を使って、これにその生きものが実際にいた場所を正確に記録した地図だ。

　生きもの地図の楽しいところは、生きもののリストや生きものごよみに比べて短期間で形に表わすことがで

観察会で参加者が見つけたセミの抜けがらマップ

生きもの歳時記をつくろう

歳時記とは、季節の出来事や年中行事をまとめたもののことだ。お気に入りの場所の観察記録が集まってきたら、ぜひ生きものの「歳時記」をつくってみよう。

ぼくは娘との散歩の途中で必ず小さな池に立ち寄る。ここは山の斜面に降った雨粒が集まってくる谷筋に、ゴムシートを敷いて人工的につくった池だ。広さ10畳ほど、深さは10センチ程度の大きな水たまりのような池だが、よほどうまい場所につくったのだろう、この池は1年中枯れることはない。

毎週1回、この池に来て、池のまわりをぐるりと一周し、水中をのぞき込んだりしながら、15～30分ほど池の周りを観察することにしている。すると、季節による違いはもちろんのこと、そのときどきの生きものの種類や水の色の微妙な違いを見つけることができる。そうした観察をまとめて、「お気に入りの場所の歳時記」をつくるといい記念になるし、人に自分のフィールドの魅力を伝えるよい資料になる。

きることだ。生きもののリストや生きものごよみは、最低でも三年ほど情報を集めないと形にすることがむずかしいが、生きもの地図は、数ヘクタール程度の面積なら半日から一日あればできる。早く成果をまとめたいということであれば、生きもの地図はうってつけだろう。

ブログから始める情報発信

「生きもののリスト」「生きものごよみ」「生きもの地図」によって、フィールドの生きものの暮らしぶりを、わかりやすい形にまとめることができると、今度はこれを多くの人に見てもらいたくなるものだ。また日々の観察記録やフィールドを歩いて考えたこと、感じたことを人に聞いてもらって感想や意見がほしいという気持ちもわいてくる。

今はそうしたときに簡単に始められる電子メディアがいろいろとある。代表的なものは、ブログとツイッター、フェイスブックだろうか。

ここでは、ブログという情報発信をお勧めしたい。ブログは書きためた記事を分類項目にそって整理することができ、過去の記事を検索しやすいため、記録として保持することに向いているからだ。

インターネットで検索すると、すでに散歩に関するブログは多数つくられており、それらを見ると散歩コースを紹介し、その場所の風景や途中で見られた花や鳥、石碑などを写真付きで紹介するものが多い。

ブログはパソコンか携帯電話があればほかに機材も費用もかからない

ブログを使うと情報の記録、蓄積、発信を同時に行うことができる

し、手続きや設定もいたって簡単だ。おまけに自分専用のメディアなので、記事の内容は自由だし、自分のペースで記事を更新することができる。また、記事は文章とカラー画像で表現することができ、自分のブログにどのくらいアクセスがあったのかを報告してくれる機能が付いているのも魅力だ。

ブログは何を書いてもいいのだが、ブログを自分専用の電子版フィールドノートとして活用し、それをインターネット上で公開するというのがお勧めだ。

ちなみに、インターネットを使って「自然情報」で検索すると、日本各地で自然情報を発信している膨大な数のサイトがヒットする。その多くは、各地のネイチャーセンターやＮＰＯからの発信だが、個人からの発信も増えている。ブログはたとえ個人であっても、専門の施設や団体と同等に自然情報を発信することができるメディアなのだ。

ブログに記事を書こう

ブログの記事は、観察した様子を文章と写真で日記のように書き込んでいけばよい。ただ、ウェブ版のフィールドノートとして活用するためには、あとで必要な情報を引き出しやすくする工夫をしておきたい。

まず、ひとつの記事は、ひとつのテーマに絞る。そして、必ず、日付、場所、観察したもの、観察したときの様子など、記入する項目をあらかじめ決めておいて、その項目に沿って記録する。情報を検索するときのために、観察した生きものの種名をタイトルのなかに盛り込んでおくと便利である。

さらに、キーワードでの分類もできるのでこの機能もうまく使おう。複数のフィールドをもっている人は、フィールドの名前を分類項目として入れておくと、ひとつのブログで複数のフィールドの情報を管理することができる。また、鳥、植物、昆虫、魚、歴史など、テーマによって分類するのもわかりやすくてよい。

このようにして、たとえば週に二回記事を更新すると、年間で約一〇〇件の記事を書きためることができる。その場所の観察記録として一〇〇件の記事がそろっていれば、ある程度中身のそろった立派な資料が出来上がっていることになる。

ただし、記事を書くうえで気をつけておいたほうがよいことがある。それは希少な生きものに関する扱いだ。ブログはどんな人が見ているかわからないメディアだ。そこに、野鳥や植物などの希少種に関する情報をあけすけに出しすぎてしまうと、一夜明けたら大勢の人がやってきて野鳥の生息を脅かしてしまうケースや盗掘されてしまうケースがある。一度公開してしまうと、情報は口コミで人から人へ伝わり独り歩きしてしまう。公開してよいものかどうか迷う場合は、公開を踏みとどまるか、読者を限定した形で公開したほうが無難だ。

つながれ！ トコロジストの輪

ぼくの周りにも、「自然観察はするけど観察記録を書くのは面倒くさくて……」という人が多い。実は、ぼくもそうだった。毎年、年の初めに「よし、今年こそは！」と思うものの、そのうちノート自体をどこかに紛失してしまう、そんなことのくりかえしだった。ところがブログを開設して定期的に記事を更新するようになってからは、フィールドノートに記録を書く習慣が身につき、記録写真を残すようになった。その経験から、記録はまとめたり発信しないと書き続ける意欲そのものを失ってしまうものだと悟った。

ブログの記事を書きためていくと、それだけで充実感がある。

今でも多くの人がブログで自然情報を発信している。しかし、もっと多くのトコロジストたちが自分のブログを開設し、各地のフィールドの自然情報を発信するようになったら、日本中あらゆる場所の自然情報がインターネットで検索することができるようになるはずだ。情報のインフラが整ってくれば、ある人が自分の住んでいる街の自然や歴史のことに興味をもったときに、インターネットを使って簡単に情報を入手できるようになるし、さらに深く興味をもった人は、直接メールで問い合わせることもできるだろう。

そうした人と人の間をつなげて情報の循環をつくっていくことができれば、もっとトコロジストの輪が広がっていくのではないか。一人ひとりのトコロジストがブログというメディアをもつことによって、個人の趣味の殻を破り自然を守るという活動につながっていく可能性を秘めているのではないかと思う。

第六章

かっこいいトコロジストになろう

保全したいという思いが芽生えたら

自分のフィールドを決めて歩き始めると、毎回新しい生きものとの出合いがあり、今まで知らなかった発見を重ねていくことが楽しくなってくる。まるで薄皮を剥ぐように少しずつその場所のことがわかり、そのたびに愛着も増していくことだろう。

そして、フィールドにたいする愛着が深くなればなるほど、「この生きもの（場所）を保全したい」という思いが芽生えてくる。

たとえば、その地域で数が少なくなってしまった植物や昆虫を見つけたときには、その生きものの生息場所を守りたいと願うだろうし、外来種の侵入を見つけたら駆除して在来の生きものを守りたいと思うだろう。

そんな思いが芽生えてきたら、フィールドを通じて人や社会とどうやって関わっていくのか考えてみる時期なのだ。

浜口先生は、自分のフィールドから楽しい思い出をもらったら、そのお返しにどうしたらその生きものやそれらが住む場所を保全できるか考えてほしいと語りかけていた。

自分の好奇心を満たせれば満足で、そんなことを考える必要はないという人もいるかもしれない。しかし、それではバランスのとれた関係とはいえない。その場所を愛するトコロジストのモラルとして、どうしたら自分のフィールドを保全することができるかを常に心にとどめておきたい。

かっこいいトコロジストになるための五カ条

自分のフィールドを保全するためには、自分ひとりでは何もできない。多くの人の理解と協力が不可欠だ。特にそこが公共の場所であれば、顔の見える人間関係をつくっておくことがカギとなる。

地域住民や地権者とのコミュニケーションも大切だろうし、行政の関係部署と良好な関係を築いておくことも有効だろう。そうすれば、近隣の開発計画などをいち早く知ることができるかもしれない。場合によっては、フィールドを訪れる人々にたいして、その場所の価値や魅力を伝えてその場所のファン層を育てておくことも有効だ。

このように人や社会に働きかけて、理解者や協力者を集めるためには、まずあなた自身が魅力あふれるかっこいいトコロジストになることが肝心だろう。「この人の言うことなら耳を傾けてみよう」と思ってもらえる存在になることだ。

それは、フィールドについて詳しいというだけでなく、自分の考えにたいして独善的にならず、ほかの人にたいして排他的にならないように常に自分のなかでバランスを取り続けることだ。そして、さまざまな主体と協力しあって物事を進めていこうとすることなのではないかと思う。こういう人のことを、ぼくは「かっこいいトコロジスト」と呼びたい。

そこで紹介したいのが「かっこいいトコロジストになるための五カ条」

だ。これは、ぼくがこれまで出会ってきた、地域のなかで協調的なリーダーとして活躍しているかっこいいトコロジストたちのもっている共通項を集めたものだ。

第一条　自分のフィールドについて詳しい

いうまでもなく、トコロジストの基本中の基本。自分のフィールドのことは、鳥や植物、昆虫だけでなく、歴史や文化などについてもよく知っている人。何を聞いても何かしら答えが返ってくる。

第二条　自分のフィールドにたいして誠実である

自分のフィールドで出合った生きものたちへの愛があふれている。そして物言わぬ生きものたちの代弁者として、この生きものたちの保全を考えて行動している。

第三条　行政や市民と対話することができる

その場所の第一人者になると、行政にたいして高圧的になったり、ほかの市民にたいして排他的、独善的になったりする人もいる。自分の考えだけが正しいと思い込まずに、相手の立場を理解して柔らかく時間をかけながら物事をすすめていく姿勢をもっている。

第四条　多くの協力者に囲まれている

自分ですべてやろうとすると、活動が持続しにくくなっていく。自分だけで完結する活動は地域に広がっていかないし、自分が継続できなくなるとその活動は終わってしまう。自分だけでやらずに、多くの人と一緒に協力して活動していく。

第五条　ほかの場所では、その場所のトコロジストを尊重する

もし、ほかの場所へ行ったら、そこには自分と同様にその場所を愛するトコロジストがいると考えよう。その人たちは、あなたが日ごろ感じているのと同様に、喜びや悩みを抱えて活動している。ほかの場所では、その土地のトコロジストたちの意向を尊重するのがトコロジスト同士の礼儀というものだろう。

第三部

三人のトコロジストに聞く

序章

トコロジストの三つの側面

さまざまなトコロジストの実践者たちと接していると、トコロジストには活動の重点の置き方によっていくつかの側面が存在することに気づく。

ひとつは、趣味の活動としての側面だ。バードウォッチングや植物観察、史跡見学など、自分の興味の赴くままにフィールドを歩いて、知的好奇心を満足させようという行為だ。スポーツや映画、読書などと同様に、余暇のレクリエーションとして位置づけられる。

次に、教育活動としての側面がある。特に子どもたちにとって、自然からさまざまな刺激を得て五感の発達を促し、人間としての感性を養う教育的な意味合いがある。また、大人にとっては、地域との関わり方を考える生涯学習としての側面もあるだろう。

そして三つ目に、市民活動としての側面である。自然や環境、社会などについてのさまざまな気づきを社会に向けて発信し、共感の輪をつくり、社会を変えていこうとする行動である。

それぞれの側面を意識しながら取り組んでいる三名の方を紹介したい。

第一章

趣味として楽しむ

「深見歴史の森トコロジスト」代表　小林力《つとむ》さん

最初に紹介するのは、神奈川県大和市で活動している小林力さんだ。小林さんは、二〇一〇年から市内の「深見歴史の森」というフィールドで活動している。

「趣味として楽しむこと」を活動の原則に据えている。活動に取り組む気持ちに無理が生じてくると、「楽しさ」よりも「義務感」や「やらされ感」のほうが大きくなり、活動の継続がむずかしくなることもあるという。

小林さんは、日ごろからその考えを同じフィールドで活動するメンバーに話している。

「深見歴史の森」での活動

大和市では、都市化に伴って減少していく緑地を守るために、緑地の地権者と借地契約を交わし、緑地を維持する事業を行ってきた。しかし、せっかく担保された緑地も地権者の高齢化などにより、管理の手が行き届かず、うす暗く近寄りがたい林が多くなる。そうなると、周辺住民からクレームが出てくるようになり、その対応に追われていた。

そこで、大和市では、市内に点在する緑地に通って生きものを調べたり、周辺住民に森の価値や楽しさを伝えたりする人材を育成する事業を始めた。それが「トコロジスト養成講座」である（→コラム）。

この事業は、市民を対象に公募し、四日間の講習でトコロジストについての考え方とノウハウを伝える。講座を修了した人たちは、実際

「深見歴史の森トコロジスト」の活動の様子

神奈川県大和市の取り組み

神奈川県大和市では、2009 年から「トコロジスト養成講座」という研修会を行っている。「大和市の緑を守りたい」という市民を対象に公募し、4 日間でトコロジストを育成する講座だ。修了すると、自宅近くの緑地を自分のフィールドとして歩きながら、季節の自然を記録していくことが求められている。

この講座は 2014 年現在で 6 年目を迎え、修了生は 50 名を超えた。浜口先生から直接アドバイスを受けながら、日本野鳥の会で実施を担当してきた事業で、事業主体は大和市みどり公園課だ。行政が「トコロジスト」と銘打って行った講座は初めてだろう。

講習会では、自分のフィールドを決めて継続的に歩くことの意義や面白さを講義で学び、地図の見方の練習と「生きもの地図」をつくる実技を体験する。修了すると、市内の緑地を自分のフィールドとして歩く際に市からサポートを受けることができる。

修了生のなかには、最初は「何を観察したらよいのだろう」と戸惑う人もいる。しかし、何度も同じ道を歩いていると少しずつ目が慣れてきて、今まで気づかなかったその土地の顔が見えてくるようだ。気づきを重ねて場所への理解が深まっていくプロセスを大切にしてほしいと伝えている。また、ほとんどの緑地では過去の修了生たちがグループをつくっているので、先輩のアドバイスを受けながら活動することができる。

この講座を導入してから大和市の緑地では、いくつかの変化が見られるようになった。それまで市で管理している緑地のなかには、ゴミの不法投棄が問題になっていた場所があった。ところが、トコロジストたちが歩くようになってから、森に人の目が入る頻度が高くなり、ゴミが捨てられなくなった。また、近くの保育園とトコロジストが連携し、自然体験の場として森が活用されるなど、緑地の付加価値が高まる効果も出てきた。

フィールドに愛着をもつトコロジストを養成し、緑地に付加価値をつけ、保全を後押ししていく。トコロジストの考え方を市の緑地保全の仕組みに取り入れた好例といえるだろう。

に市が管理するいくつかの緑地でグループをつくり、生きものの調査や、周辺住民を対象とした観察会などを行う。

小林さんは、二〇〇九年に行われたトコロジスト養成講座の第一期生として、「深見歴史の森」という広さ一〇ヘクタールの里山に通い始め、「深見歴史の森トコロジスト」という会ができた。当初六名だったメンバーは現在では一六名に増え、野鳥、植物、昆虫、里山の管理などに長じたメンバーが育ってきている。

毎月二回、メンバーが集まる共通の活動日がある。この日はみんなで森を歩き、お互いの得意分野を教え合ったり、交流を楽しんでいる。それ以外は個人で森に通い、それぞれの興味に合わせた活動を週一回くらいのペースで行っている。

深見歴史の森での活動が始まって今年で五年目になった。これまでは、森に住む生きものを調べたり、不法投棄されたごみの回収に力を入れたり、道沿いの草刈りをしてきた。

「趣味」としての活動が原則

活動で一番大切にしていることは、あくまで「趣味」であるということを忘れないこと。「楽しく取り組んでいるかどうか」を判断の基準にしている。小林さんは言う。

「もちろん、社会貢献や自然を守るという公の気持ちがなくはないが、その気負いは自分たちにはありません。それが、長続きの秘訣であり、仲間を束ねるコツでもあります」

では、楽しいとはどういうことだろうか。

「野鳥でも、植物でも、昆虫でも、わからないことを一つひとつ自分で調べて、知識を重ねていくことが楽しいんです。その楽しさは趣味に共通していると思いますよ」

さらに、仲間とのコミュニケーションや地権者の高齢者とのコミュニケーションが「誰かの役に立っている」という実感を与えてくれている。

「趣味を通じて自分のスキルアップをはかり、それが社会に貢献できればこんなに素晴らしいことはないじゃないですか。共感する仲間、楽しさを分かち合える仲間をもつことが最も大切です」

ひとつの場所を見ること

では、小林さんはなぜトコロジストになりたいと思ったのだろうか。

「ぼくは、野鳥が好きで、以前は野鳥ばかりを追いかけていました。珍しい鳥を見たくて、日光、舳倉島《へぐらじま》、戸隠高原、霧ヶ峰など、いろいろな所に行きました。でも、自分の足もとをほとんど見ていなかったような気がするんです」

身近にある深見歴史の森のことは、以前から知っていたし、何度か歩いたこともある。

「以前は、『夏場はほとんど鳥がいなくて、冬になると少しはいる』という程度の印象しかありませんでした。ところが今、こうして一年中通ってみると、キビタキが四月末から約半月いて、アカハラもやってくる。つづいてホトトギスが五月中旬ごろにくる。そういった細かいことが全部わかってきます」

小林さんがひとつのフィールドを見続けることが面白いと思うようになったのは、野鳥以外のものものもすべて見ようと思ったときからだそうだ。そうなると、必然的に見るフィールドを限定せざるを得なくなった。

「もちろん鳥を中心に見てもいいけれども、すべてに関心をもつことが大切だと思います。野鳥は自然の一部。野鳥から樹木、草花、竹、シダ、コケ、土壌生物に関心が移っていった。入口は興味のあるものでいいんです。無理せず自分のやりたいことをやっていけば、だんだん興味の幅が広がっていきます」

「ぼくたちの森」から「みんなの森」へ

「今後、保育園の子どもたちと森を歩くことを計画していますが、仲間との共感から、子どもたちとの共感に発展していくことになると思います。子どもたちを森に連れ出すことにたいしては、『使命感』のようなものはもっています。フィールドを通じてますます人の輪が広まり、やりがいが増していくのではないかと期待しています。でも、それが大きくなりすぎると、知らず知らずのうちにまわりにも相応の反応を求めてしまうことになりかねません」

使命感をもちながら趣味の領域を超えないこと。「だから楽しいんです」と小林さんは語る。

森を守るためには、周辺住民の協力も必要だ。「森が薄暗くて怖い」「蚊が発生して困る」「BSが映らない」といった苦情が頻繁に行政に来るような状況では、都市部に残る森を維持していくことがむずかしくなるからだ。

だから、自分たちで森を独占するのではなく、多くの人に利用してもらえるようにもっていかなければならない。一方で人がたくさん利用するようになると、森へのダメージも無視できなくなるだろう。

「日ごろ自分たちは、ゴミ拾いをして、森をきれいにするように気をつけています。正直にいえば、これだけ自分たちはきれいにしているんだから汚さないでほしいとは思います」

そうした気持ちがエスカレートしすぎると、「人に入ってきて欲しくない」という排他的な気持ちも生まれてしまう。

「森を自分たちだけで独占しないよう、うまく感情をコントロールしながら取り組んでいく必要があると感じています」

第二章

子どもたちを育てる

「NPO法人こどもの広場　もみの木」代表　尾《お》上《がみ》陽《よう》子《こ》さん

園舎のない幼稚園「もみの木園」を運営する尾上陽子さん。尾上さんは、友人の子育てに接したことがきっかけで幼児教育に関心をもった。会社を辞め保育士の資格を取り、念願の幼稚園で保育の仕事に携わることになった。

しかし、勤めた幼稚園での保育の仕方に違和感を覚え、次第に問題意識を募らせていった。やがて、同じ思いをもった母親たちとの共同運営による幼稚園「もみの木園」を立ち上げるにいたった（↓コラム）。

もみの木園には園舎はなく、子どもたちは、朝、待ち合わせ場所に集まって活動を始める。活動場所は、おもに、横浜市の中心部にほど近い「舞岡公園」の里山と、都市部から離れた、地形が険しく緑地の面積も大きい「横浜自然観察の森」である。

もみの木園の活動はいたってシンプルだ。決まった緑地の決まった道を往復して歩くだけ。自然とのふれあい、ともだちとのふれあいを通して成長している。もみの木園の活動は、まさに幼児を対象としたトコロジストの活動そのものだ。

大切にしていること

「子どもは、生物として発育の過程にいます。この時期の子どもたちは、その存在が自然そのものなんです」

冒頭から、尾上さんは長年の実践から得た信念を語ってくれた。

「生物としての子どもは、人工的な空間のなかだけでは育ちません。もみの木園では、『丸ごと』の自然のなかで保育を行って、まず生物としての人間をしっかりと育てることが大切だと考えています」

しかし、それだけなら子どもの自然体験を進める多くの団体と変わらない。もみの木園がほかの団体と一線を画しているのは、子どもたちに「教材として自然を切り取って提供する」という考え方を拒んでいるということだ。「丸ごと」の自然のなかで子どもたちと一緒に歩き、そのなかで起

森のようちえん

NPO法人こどもの広場もみの木園の活動は、「森のようちえん」という考え方に基づいている。

「森のようちえん」とは、1950年代にデンマークのひとりのお母さんが、森のなかで保育を行ったことが始まりとされている保育活動だ。1990年代以降ドイツに広がり、日本でも2008年に「森のようちえん全国ネットワーク」が設立されるなど広がりを見せている。

「森のようちえん全国ネットワーク」では、森のようちえんには厳密な定義や基準はなく、さまざまなスタイルがあるとしている。たとえば、フィールドは森だけではなく、海や川、野山、畑、都市公園で行っているものも含めているし、「ようちえん」はあくまで総称であり、いわゆる幼稚園だけでなく、保育園、託児所、学童保育、自主保育、育児サークルなども含まれている。また、日本では園舎をもつものもないものもある。

しかし共通しているのは、0歳から7歳くらいまでの乳児や幼少期の子どもを自然のなかへ連れ出し、自然体験活動を基礎とした保育を行うことだ。そして、保育は大人の考えを強要せずに子どもの感覚や感性を引き出す関わりを大切にしているところが多い。

尾上さんの運営する「もみの木園」は、具体的には次のようである。

活動場所：神奈川県横浜市内の地域の森・里山・公共施設

対象者：ことりぐみ（2~4歳、10名前後）
　　　　すみれぐみ（5~6歳、10名前後）

活動：待ち合わせの場所に集合して森のなかを歩く。雨の日も風の日、凍るように寒い日も森のなかを歩く。ことりぐみとすみれぐみの共同保育が基本、別々の森に行く日もある。

そのほかくわしい活動内容については、ホームページに掲載されている。

http://mominokien.org/home.html

こるさまざまな出来事を見守っていくこと。

「最初の頃、自然に親しむためのゲームやクラフトを取り入れたこともあったんです。ところが、型にはめたゲームでは、子どもがたちまち大人の手のひらの上でしか活動しなくなってしまいました。自分から見つけるのではなく、与えられた課題にそって子どもが動くということが見えてしまったんです」

この反省から、もみの木園の活動は「自然のなかを歩く」という、きわめて単純な形に定着していったという。

歩くのは同じコース

同じ場所、同じ道を歩く理由を尾上さんはこう語る。

「幼児のもつ視野は極端に狭いんです。目の前のほんの二メートル先しか見ていない。それでもくりかえし同じ道を歩いていれば、子ども自身が頭のなかに道を思い描けるようになっていきます」

　二〜四歳の子どもたちが歩く舞岡公園の敷地内には起伏のある雑木林、田んぼ、畑などが入り組んでいる。二メートル先しか見ていない子どもたちは、この広い公園をどのように認識しているのだろうか。

「子どもは、森をいくつかのスポットで理解しているように見えます。自分が遊んだ場所を何か所かよく覚えていて、道はそのスポットをつなぐものです。子どもたちは、すべての道を細かく鮮明に覚えているわけではありません。ある道がどこへつながっているのか、公園内の地形がどんなふうになっているのか、ぼんやりとした認識しかありません。彼らにとってひとつの場所を体で認識するためには、何年も同じ道を歩いていてもまだ時間が足りない、ということがわかります」

　その証拠に、いつも通っている道からほんの少しはずれると、すぐに混乱するという。道が二手に分かれるところで、子どもたちだけで歩かせることがある。すぐ先で道が合流するのだが、彼らにとっては大冒険だ。自

子どもたちだけで歩く

木に親しむ、もみの木園の子どもたち

分たちだけで歩いているということにわくわくするという。しかも、先頭を歩くときが最もドキドキする。慣れた道でも、人の後ろから歩くのと先頭を歩くことでは見える風景が違う、と語る。

木をよりどころにする子どもたち

尾上さんの関心は、子どもたちが、どのように自分の場所を認識するようになっていくのかということにある。

「たとえば、子どもたちが場所を認識するには木の存在が大きく関わっていることに気づいたんです。私たちの幼稚園は園舎のない幼稚園です。園舎のある幼稚園に通う子どものように、『お部屋に入れば身の安全を守れる』という認識をもっていません。その代わり、子どもがよりどころにしているのは木ではないかと思っています」

集合した場所から「今日はサクラの木まで行こうね」と説明すると、子どもたちのなかに、どこを通ってどこへ行くのかすぐに共通認識ができるという。

また、もみの木園の子どもたちは、少し歩くとすぐに木に抱きつく。木に話しかけたり、木の節が顔に見えるので名前をつけたりするそうで、「チップさんの木のところまで行こう」が合言葉になっていたりする。子どもたちは、木をよりどころにしながら森を歩いているのではないかと、尾上さんは考えている。

神様の木

木にまつわるこのようなエピソードがある。

「今年で一七年目になるもみの木園の歴史のなかで、子どもたちが代々受け継いできた木があるんです。舞岡公園にある老木で、子どもたちは『神様の木』と呼んでいます。普段はこの木を下から見上げるのですが、ときどき木の裏側にまわりこんで、いつもと違う角度から見る子もいます」

そうすることによって、枝の伸び方や葉の茂り具合も違って見えるし、日光が当たる部分と日陰の部分では樹皮の様子も違っている。いつも慣れ親しんできた木がまったく違う表情をもっていることに、子どもたちは不思議がっていたそうだ。こうして木を立体的に把握することができてくる。

「この木はいつ来てもかならずここにいて、日によって違った姿を見せてくれる。子どもたちは、そういう違いも含めて木を丸ごと受け止めているような気がします。心のよりどころになっているんでしょうね」

あるとき小学生になった卒園生が、家庭で心配なことがあったときに「神様の木のところに行きたい」と言ったそうだ。その子は幼児のときに五年近く神様の木に接するなかで、愛着が強くなっていた。だから、困ったことが起こったときに「この神様の木に会いたい」と思ったのではないだろうか。

もみの木園を巣立った子どもたちは

もみの木園の活動が始まって一七年がたち、巣立っていったＯＢ、ＯＧたちにとって、もみの木園の活動はどのような意味があったのだろうか。

「まず、もみの木園での子どもたちは、五感を使い、自分の感覚で物事を把握することについては、かなり訓練されていると思います。それは、人間のもっとも基本的な学習活動です。そのため、物事を理解するための基礎力はしっかりと身についているのではないでしょうか」

「もうひとつは、自分たちが育った場所にたいして、強い愛着をもっています。今、ＯＢ、ＯＧたちが中心になって、ボランティア活動が始まっています。県の森林ボランティアの方に指導をお願いし、幼稚園の年長から大学生までの子どもたちが二泊三日で林業体験を行っています。今では森林の保全作業のほか、山道の修繕までできるようになってきました」

大きくなった子どもたちは、自分たちがもみの木園で身につけてきた力を、今度は自然のためや小さい子どもたちのために使いたいという意識をもって関わり続けてくれる。

そう尾上さんはうれしそうに語ってくれた。

第三章

森の保全にかかわる

「瀬《せ》上《がみ》さとやまもりの会」事務局長　中塚隆雄さん

活動を始めたきっかけ

最後に紹介するのは、横浜市の南部に残された谷戸「瀬上の森」の保全活動を行っている中塚隆雄さんだ。中塚さんは、樹林地、湿地、谷戸田などの維持管理をする森づくり活動団体「瀬上さとやまもりの会」の事務局として生きもの調査や子どもたちの自然体験、それにボランティアの育成などに取り組んでいる。

中塚さんが、緑の保全をテーマに活動を始めたきっかけは、二〇数年前にさかのぼる。四〇歳になったころ、人生の半ばを過ぎたことを意識し始め、自分の人生でやり残したことはないかと考えるようになった。

中塚さんは、若い頃ユースホステルを使った旅行が好きで、ユースホステルの管理者「ペアレント」になりたかった。しかし、すでに家族を抱え、仕事も面白く、いきなり転身というわけにもいかない。

そこで、まず情報収集をしようと思いたち、ペアレントになるための資格をとる講習を受けたり、小中学生向けのキャンププログラムのボランティアを行ったりしていた。

あるとき群馬県のユースホステルでキャンプをやることになり、そこでホタルが見られることがわかったが、スタッフのなかでホタルに詳しい人がいなかった。そこで自分がホタルを勉強してその担当を引き受けることにした。

ちょうどそのころ、横浜市が「ホタル観察リーダー養成講座」をやっ

自然解説をする中塚さん（左）

ており、その講習に参加してみることにした。それが、本格的に生きものの環境を守る活動に興味をもつきっかけとなった。その講習会の会場がその後、自分の活動場所のひとつになる横浜自然観察の森だった。以後、自然観察の森のさまざまな観察会に参加し、徐々に実力を磨いていった。

「自然観察の森の活動に本格的に参加するようになったころに、同じ団地の人から『子ども会で生きもの観察をやってくれないか』と頼まれたんです。これがきっかけで、自分が住んでいる団地をあらためて見ることができました。団地のために造成された部分には、昔の谷戸の景観はなくなっていましたが、周囲ののり面は元の植生のままでした。よくよく見ると、団地の敷地の内側は外来種のセイヨウタンポポ、外側は在来種のカントウタンポポが一面に咲いていました」

これは面白いと、子ども会のなかで生きものが好きな子どもたちに声をかけ、自分の団地をフィールドにした「港南台自然観察クラブ（愛称：クロロ）」というグループをつくった。

瀬上沢とのかかわり

「クロロの活動で気をつけていたことのひとつに、子どもたちが自然に親しむことを入り口にして、『自然を守り育てる活動』を体験できるようにすることでした」

しかし、団地のなかで「自然を守る」活動といってもむずかしい。そこで、思いついたことは、団地の近くにある瀬上沢という谷戸で毎年ホタルが見られるのだが、見物に訪れる人たちのマナーが必ずしもよいとはいえなかったことだ。

「瀬上沢には、多くの人がホタル見物に来ていました。その人たちにたいしてホタルの生活史と観察マナーを訴えるため、横浜自然観察の森でつくった紙芝居を上演する活動を始めました。紙芝居にはシナリオがあるので、あらかじめ練習しておけば子どもでも上演できるし、見物客にたいしても十分なメッセージを伝えられるんです」

こうして、クロロの活動を始めて、瀬上沢でホタルの紙芝居を上演するようになってから十年近くが過ぎた。その間、クロロの子どもたちは次々と成長し巣立っていった。

そんなとき、瀬上沢で開発計画がもちあがった。瀬上沢の多くは市の土地でもないし公園でもない。普通の民有地だった。横浜市の緑地はそのほとんどが、農家がやっとのことで維持している樹林地だ。瀬上沢も同様で、常に開発の危機にさらされていたのだ。計画では谷戸の一部を造成して住宅地をつくるというものだった。

それまで、中塚さんは開発問題に関わった経験はなく、まさか自分がそうした問題に関わることになるとは思っていなかった。しかし、いろいろ考えた末、瀬上沢の生きものを守るために何ができるか考えてみようと決断した。

「大きな理由はクロロの子どもたちです。ホタルの紙芝居を上演してくれていた子どもたちが大きくなったときに、瀬上沢がどのようになっているかわからない。けれども、子どもたちにたいしては『自分は、瀬上の生きものをこんなふうに守ろうとしたんだ』と、言えるだけの努力を今しておかなければならないと思ったんです」

これが大きな動機となり、環境ボランティアの仲間と瀬上沢の保全活動に取り組む「瀬上の森パートナーシップ」という団体を立ち上げた。開発問題にたいしては、事業者、行政、そして市民が連携し合い、生きものの保全に効果的な解決策を提案している。

中塚さんは、「開発という大きな課題に直面し、保護か開発かの二者択一ではなく、より実効性のある保全の方法を考える必要にせまられました。それを通して、瀬上沢やそこでくらす生きものたちのことがさらに深く理解できるようになりました」と言う。その後、保全活動の多くは、瀬上沢の中心を占める「瀬上市民の森」で活動する市民団体が統合して発足した「瀬上さとやまもりの会」に引き継がれている。

「余談ですが、ぼくがゴルフをやめたのもクロロが原因でした。日ごろ『緑は大事、生きものは大事』といっているのに、キャディバッグをかついで団地を歩いている姿を子どもたちが見たらどう思うかなと考えたからです」

中塚さんの行動原理のなかには、『子どもにたいして誠実でありたい』ということが強烈に働いているようだ。

中塚さんは自分の活動をこうふりかえる。

「ぼくが活動を始めたのは、土地に愛着があったからではないんです。ぼくは大阪に生まれ育って、就職して横浜市に移り住んできました。あるとき子育てが一段落し、もう一度自分の生き方を考えるようになった。それが直接のきっかけでした。活動に参加することで、じわじわと土地にたいする愛着がわいてきました。それから後付けでトコロジストということを意識するようになったんです。土地に愛着をもつことは手がかかって大変だけど、それで気持ちが深まっていくものじゃないかな」

インタビューを終えて

インタビューを終えて、興味深いと感じたことがある。今回は、あえて「趣味」「教育」「市民活動」という切り口で話を聞いていったのだが、実際にはどの人の活動にも、「趣味」の要素もあれば、「教育」の要素もあるし、「市民活動」の要素もあるという具合に、ひとりのなかにいくつかの要素が同居していたことだ。

例えば小林さんは、トコロジストは「趣味」であることを強調していたが、その活動には生涯学習としての「教育活動」の側面と、森を保全する「市民活動」としての側面が同居していた。

また、尾上さんも、保育士として携わっている「教育活動」の側面はもちろんのこと、生きものを観察する「趣味」としての側面ももっているのだろう。また、近年ではもみの木園のOB、OGたちが、森林保全ボランティアへの参加をはじめて社会参加の動きも出てきた。

そして中塚さんは、現在は瀬上の森の保全活動が活動の大きなウェイトを占めているが、瀬上沢の保全活動に中塚さんを導いたのは、ほかでもない子どもたちを対象にした環境教育活動だ。

三人の話を聞いて、トコロジストとはひとつの切り口だけでは説明できない多面体なのではないかと思った。ひとつの場所にこだわりをもって活動することが、ほかでは得られない教育的な効果をもたらしてくれる。そしてそのことが人の価値観や生き方をも左右し、よりよい社会にするための参加意識が醸成されていく。

ひとつの限られた場所を歩いているうちに、違う世界が開けてきて、活動に向かわせる動機が成長していく。それこそがトコロジストの最大の魅力なのではないかと思った。

■浜口哲一講演録

トコロジストのすすめ　その場所の専門家になろう

日本野鳥の会職員向勉強会（二〇〇八年三月収録、一部割愛）

今日はこのような機会をつくっていただいてありがとうございます。ここ三年くらい前から、「トコロジスト」についてお話させてもらっています。その場所の専門家という意味合いですが、トコロジストとネーミングすることで、これまでと違った発想が生まれてくるのではないかと期待しているところです。

この言葉は個人的に使っている言葉で、辞書にはありません。鳥の専門家や、昆虫の専門家というような学問的な専門家ではなく、たとえば横浜自然観察の森の専門家、あるいは東京湾の専門家というように使います。こんなことを考えた理由は、いくつかあります。

■トコロジストを考えたわけ

あるとき、東京都緑のボランティア指導者研修会の講師を頼まれました。緑のボランティア指導者を対象に、植生調査の方法とか、鳥のラインセンサスの方法、あるいは調査のノウハウ

日本野鳥の会の東京事務所で講演する浜口哲一先生

について話をしてほしいということでした。たしかに、植生調査のやり方を身につければ植生図の見方がうまくなるかもしれません。しかし、市民の立場で求められている専門性とは、既存の学問の専門性の初歩的な部分をつまみ食いすることではなく、これまでとは違った発想が求められているのではないかと考えました。

では、市民の立場において求められている専門性とはなにか、そうして、考えたのが、それぞれの人が関わっている場所についての専門家になることだったのです。新しい発想で〝動機付け〟をもつことが、プラスになるのではないかと考えたわけです。

私は毎月メール通信を出しているのですが、そこで「その場所の専門家に名前をつけたいんだけれども、何かいいアイディアはないだろうか」と呼びかけました。そうしたら田端裕さんという日本野鳥の会の会員でアオバトを研究されている方ですけども、彼から「トコロジストというのはどうだ?」と提案がありました。

語感もいいので「じゃあ、それでいきましょう」ということで、この言葉が誕生したんですね。

■相模川河口の保護活動の経験から

・フィールドにたいする責任

もうひとつ、そのことを考えていたときに思い出したことがありました。それは、二〇年か三〇年くらい前の話なんですが、平塚の相模川の河口に干潟がありまして、干潟とその後背地を埋め立てて、川に堆積したヘドロを乾燥させる池を造成するという話がでてきました。干潟を守ろうと保護運動を起こしたのですね。

そのときに『平塚の植生』という全市の植生調査をやった報告書を見つけました。そこに「海岸の砂丘上の植物は自然度が高くて重要だから、大事にしなくてはいけない」というようなことが書いてあったので、工事の責任者である課長に「『平塚の植生』という本に、こう書いてあったから、工事するにあたっては、植生の専門家の方にお伺いを立てないといけじゃないですか」というようなことを申し上げたんです。そしたら、その課長は何日かして、「植生調査をされた専門の先生のところに電話をしてみたら、『私のほうは別にかまいませんから市のほうで判断していただきたい』こういうお答えでした」と言われました。

本当にそういうお答えをされたのか確かめたわけではありませんが、そのときに専門家というのはいろんなフィールドへ出かけて調査をするけども、そのフィールドにたいする責任はないのかな？　ということを考えたんですね。あるフィールドで何か調べられればいいんだというスタンスもあるだろうけれど、そうではなくて、そのフィールドを大事に思って、そこを何とか保全したいということをいつも頭においてやっていく専門家というのも必要なんじゃないか、そんなことを考えました。

・アマチュアイズムの重要性

その河口の保護運動はうまくいかず、地形が変わってしまい干潟らしい所がほとんどなくなりました。保護運動は自然消滅みたいになったんです。そのときに、私たちは干潟の鳥についてはたくさん情報を集めていましたし、底生動物についても相当情報はもっていたんですが、砂とか波とか川の動きとかそういったことは、ほとんど情報収集ができなかったという反省があるんです。

そういう分野の人たちの知恵を借りることができれば、干潟を維持する手立てがあったんじゃないか、というのは、最近、地形の専門家とお話する機会があったんです。相模川の河口の辺りには、川から海へ出る船の航路を維持するために、導流堤という堤が造られています。こういう河口とか海岸とかの地形の専門家の方の話では、導流堤の造り方次第で、この砂州の位置もコントロールできる可能性があるということでした。

相模川の河口の現状は、砂洲の位置が北へ動いて、ごくわずか干潟っぽいところがありますが、カニやゴカイがいるような状況というのは失われてしまっています。その当時、地形の専門家にアドバイスをもらえていれば干潟を残せたかもしれない、後悔というか今でも非常に気になっていることです。

ひとつの場所について専門家になるということは、いろんな分野のものの見方にまで視野を広げないといけない。トコロジストというのはその場所の専門家ということなんだけれども、発想としてはアマチュアイズムみたいな考え方があると思います。

■トコロジストの目

さて、トコロジストというのは「ある場所の専門家」という意味ですが、いろんな視野をもっている必要があります。

たとえば自然環境の地形や地質について知っている必要がある。生きものや水質、空気の汚れ方だとか、そういったことについても情報をもっている必要がある。それだけはなくて、どんな名所・旧跡があるか、どんな歴史があるのか、どんな人がどこから来て、どういう人が利用しているとか、あるいはそこの土地の所有関係はどうなっているか。行政はそこの場所をどんなふうに位置づけているか。それは法的にはどうなっているのか。何か保全の網はかかっているのかとか。まだいろいろあると思いますが、こういったことに目を向ける姿勢をもっている必要があると思っています。

具体的なことでお話しますと、平塚に総合公園という公園がありますが、そこには日本庭園や桜の広場、その他にもスポーツ施設なども併設している広大な公園です。

ここに樹齢がおそらく一〇〇年ぐらい経っている大きなタイサンボクがあります。それが植物ということからいえば巨木だということでおわってしまいますが、この場所はかつて海軍の火薬工場があって、このタイサンボクはその火薬工場の場長さんのお宅の庭にあった、いわゆるその火薬工場全体のシンボルみたいな木だった。そういったことを知ると、この場所についての見方が広がってきます。

さらに公園のなかを歩いて行くと、サギ塚という塚があります。ここは、火薬工場があった頃に松林だったというんですが、サギがコロニーをつくっていて、あるとき暴風雨によってたくさんヒナが落ちたそうです。火薬工場で働いていた女工さんが「かわいそうだ」ということで埋めて塚をつくったということです。この塚にはこのような逸話が残っている。そうすると、かつての植生がどうだったかとか、サギが巣をつくっているような環境もあったとか、そんなことを思わせてくれる。

ほかにも、テーマをいろいろにしてみると面白いです。たとえばネコですけれども、この公園にどのような野良ネコがいて、それがどういう毛色をしているか、どういう行動圏をもっているかとか。

また、ここには水場があって、大勢子どもたちが来ていますが、子どもたちは近所の子どもたちなのか、それとも電車に乗ってきているのかというようなことも調べてみると面白いかもしれない。

この公園には、ドバトに餌付けしているおじさんがいますが、エサをやることでドバトが増えているのか減っているのか、どんな影響が出ているのか。それから日本庭園の池にはアカミミガメがたくさんいますが、そんな外来生物の動向に目を配るとか。

ひとつの公園を自分のトコロジストたるフィールドと考えても、いろんな見方をしていくことができると思います。それはまた、ひとつの〝その土地の楽しみ方〟という見方もできると思います。

■トコロジストの役割

さて、そのトコロジストという言葉が生まれたところに、山梨県で学校の先生をしている植原彰さんという人からメールがきました。「自分もそのトコロジストという考え方に大賛成です」と。彼が言うには「自然を守るということは、それぞれの土地のトコロジストといろんな分野の専門家が、縦糸と横糸の関係にあって、初めて実現することなんじゃないか」と、そういう言い方で考えを伝えてくれました。

たとえば、Aという場所については、トコロジストのA1さんとA2さんがいるとします。Aという場所について、そのトコロジストの人たちはいろんな視野でものを見てる。一方、鳥の専門家とか、植物の専門家とか、土の専門家という人に、時々そこの場所に来てもらってあるテーマについて調べてもらう。そこからアドバイスをもらうことで、その場所についての特徴がよりはっきりしたり、そこを守るときに何がポイントになるかがわかる。トコロジストと学問的な専門家とは、そういう関係になるのではないかということですね。

植原さんは山梨県の乙女高原というところで、いろんな人たちと活動をしていて、定期的に勉強会をやっています。そこに専門家を招いて、たとえばマルハナバチの専門家を招いてその観察の仕方を教えてもらい、いろんなデータをとってみんなで見るとか。土の専門家を招いて、穴を掘って土壌を調べてみるとか、これもある種のコラボレーションだと思います。こういう縦糸と横糸がうまく織り合わさって、初めてその土地の自然を守ることがうまくいくのかなと思います。トコロジストとしてその場所にこだわりをもっているのはすごくいいことだけれども、一方では独りよがりになる危険もあると思うんですね。そういったところを、幅の広いそれぞれの道の専門家に助けてもらうことで是正できると思います。

■生きものを調べるときの視点

今日の話の本題は以上です。あとは、おまけとして聞いてほしいんですけども、「トコロジストはいろんなことに目を向けないといけない」ということはおわかりいただけたと思います。とはいっても野鳥の会の人はだいたい動物や植物が好きなわけで、何かを調べるといっても、〝生きもの〟が中心になると思うんですね。そこで、トコロジストとして、ある場所の生きものについて調査をするときに、どういう手がかりや足がかりがあるのかということをお話したいと思います。

〝リストをつくる〟〝こよみをつくる〟〝地図をつくる〟、これが基本の三点セットです。リストというのは「どんな種類がいるのか」ということです。こよみというのは「いつの季節に見られるのか」あるいは「いつの季節に花が咲くのか」。地図というのは「それがどこの地点、どこの位置に見られるのか」ということです。これがそろって明らかになれば、その場所の自然の姿について全体像が描けるのではないかと思うんですね。それには、何をやるにしてもまず〝野帳〟をつけるということが必要になると思います。

（＊以下、三点セットの詳細は省略。具体的なことは本文参照してください）

■ほかの人と情報を共有していく

トコロジストとして、ひとつの場所にこだわって、いろいろ調べたり、観察したことをなんらかの形でまとめ、ほかの人も利用できる情報にしていくのも大事なことだと思います。たとえば、私は博物館の仕事として、相模川の河原に「馬入水辺の学校」というエリアをつくりました。そこでは「水辺の学校生きもの調べの会」というのを毎月やって、同じ場所が四季をとおしてどう変化しているか観察しています。

また、写真で記録したものを、一冊の本にまとめました。「生きものごよみ」や「生きもの地図」として観察の結果をまとめておきますと、この観察のうえにさらに別なものを、別な人でも重ねていくことができる。いろんな生きものの情報を重ねて見ることで、その関わりを探ってみることもできるんです。

こういう活動をする際には「それぞれの人がどんなことを見つけたか」ということも大事なことなので、冊子にする場合には、記事面の終わりに一番印象的だったことを書いてもらって、お名前とともに入れるということもしています。

■調べること、伝えること、守ること

最後になるのですが、トコロジストの役割についておさらいしたいと思います。トコロジストというのは「ひとつの場所にこだわっていろんな活動をする」ということですが、ひとりで調べていくこともあるでしょうし、大勢の力を借りて調べてくこともある。そうやって調べたことをみんなに伝えるということも大事なことです。伝え方としては、印刷物にして伝えるとか、ホームページに載せる、あるいは、観察会のなかで伝える、それから、ワークショップの形で調べたことを体験するという、そういう伝え方もあると思います。

それから、もうひとつ、調べた結果をそこの場所を守ることにどうやって使っていったらいいかということも考えていかなきゃいけない。調べること、伝えること、守ることが一体となって進んでいくこと、そこにこそトコロジストの一番の役目があるのではないかと思います。

このトコロジストという考えは、名前は新しくつけたものですが、考え方としては特殊なことではなくて、おそらく皆さん方が、特にサンクチュアリ(注)に関わってらっしゃる方は、日々やられていることそのものではないかと思います。ただ、場所にこだわってそこの専門家になろうというその気持ちというか、そこに積極的に意義を見出すっていうあたりが、案外と忘れられていることかもしれないと思うんです。それで、今日のようなお話をさせていただいたということです。

どうもありがとうございました。

(注)野生生物の保護区。生物を保全しながら、来訪者が自然と触れ合えるよう、専門家(レンジャー)が常駐し、活動している。

参考文献

◆浜口哲一先生の著作

「生きもの地図をつくろう」、岩波ジュニア新書、2008。

「生きもの地図が語る街の自然」、岩波書店、1998。

「放課後博物館へようこそ　地域と市民を結ぶ博物館」、地人書館、2000。

「自然観察会の進め方」、HSK、2006。

「バードウォッチング入門　鳥の生活を観察する」、文一総合出版、1997。

「望星 2009 年 10 月号」、自転車は自然観察の最良の友、東海教育研究所。

「望星 2009 年 1 月号」、タイムスリップオリエンテーリングのすすめ、東海教育研究所。

「望星 2008 年 6 月号」、自分だけの地図作りの楽しみ、東海教育研究所。

◆場所の認識、場所への愛着、ライフスタイルに関する本

「グリーンエコライフ　農とつながる緑地生活」、進士五十八、小学館、2010。

「環境を知るとはどういうことか　流域生活のすすめ」、養老孟司・岸由二、PHP サイエンス・ワールド新書、2009。

「自然へのまなざし　ナチュラリストたちの大地」、岸由二、紀伊国屋書店、1996。

「空間の経験　身体から都市へ」イー・フー・トゥアン著　山本浩訳、ちくま学芸文庫、1993。

「里という思想」、内山節、新潮選書、2005。

「地球をこわさない生き方の本」槌田劭編著、岩波ジュニア新書、1990。

「川の名前」、川端裕人、ハヤカワ文庫、2006。

◆その他

「パパの極意 仕事も育児も楽しむ生き方」、安藤哲也、生活人新書、NHK 出版、2008。

「2100 年、人口 3 分の 1 の日本」、鬼頭宏、メディアファクトリー新書、2011。

「自分で調べる技術　市民のための調査入門」、宮内泰介、岩波アクティブ新書、2004。

「読む知る愉しむ　地図のことがわかる事典」、田代博・星野朗、日本実業出版社、2000。

step 4
記録しよう
ボイスレコーダー
デジカメ
ルーペ
10x
今日みつけたのは……
フィールドノート
双眼鏡
三色ボールペン
プラケース

step 5
記録を管理しよう発信しよう
トコロジスト
ブログにする
野鳥ごよみ
ごよみ
生きものごよみ
生きもの地図

step 6
かっこいいトコロジストになろう
なかまをふやして
フィールドをより良くしよう!

トコロジストになろう

step 1

場所を決めよう

step 2

地図を見よう

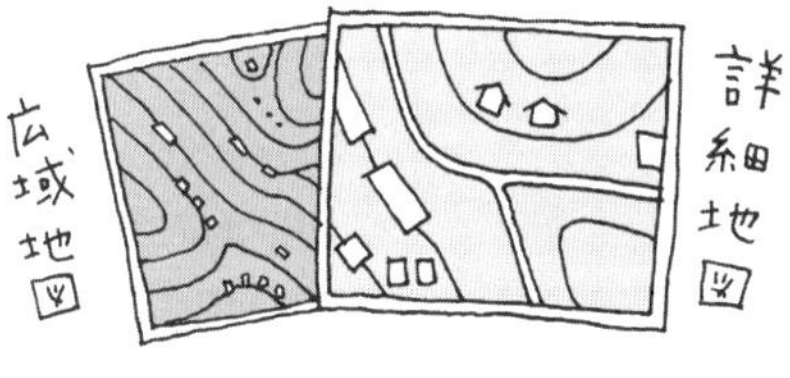

step 3

歩いてみよう

2. バードウォッチングに役立つ小冊子をプレゼント！

身近な野鳥の見分け方やバードウォッチングの楽しみ方などをまとめた小冊子を、ご希望の方にプレゼントしています。自然観察のおともにぜひご活用ください。くわしくは、当会ホームページ、または以下までお問い合わせください。

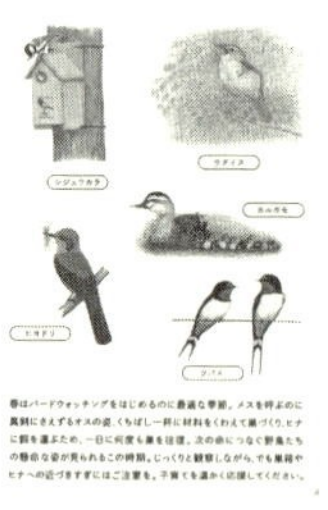

●お問い合わせ：日本野鳥の会　普及室

電話：03-5436-2622（土日祝日休業）／メール：nature@wbsj.org

ホームページ：http://www.wbsj.org/ 日本野鳥の会 で検索

※このページの情報は、2014年10月25日現在のものです。

日本野鳥の会からのおしらせ

1. トコロジストのはじめの一歩！ 定例探鳥会に行ってみよう

日本野鳥の会では、全国90の連携団体がフィールドを決めて定例探鳥会（バードウォッチングを楽しむイベント）を開催しています。同じ場所で何年も野鳥を観察する彼らは、日本野鳥の会のトコロジストたちです。みなさんも、お近くの定例探鳥会に参加してみてください。

野鳥にくわしい案内役が解説しますので、はじめての方も気軽にご参加いただけます。

図鑑や望遠鏡などの機材は参加者同士で貸し借りを。道具がそろってなくてもご安心ください。

日本野鳥の会　探鳥会情報 で検索

http://www.wbsj.org/about-us/group/tanchokai/

箱田 敦只（はこだ　あつし）

1990年に大学卒業と同時に日本野鳥の会に就職し、姫路市自然観察の森に赴任する。その後、1992年横浜自然観察の森レンジャーとして、主にボランティア育成の仕事に携わる。1996年東京港野鳥公園レンジャーを経て、1997年に東京の本部事務所に戻り、自然保護活動に関わる人材育成担当として、レンジャー養成講座等の事業を立ち上げる他、自然観察施設の職員やボランティアを対象とした研修やコンサルタントを担当。

トコロジスト　自然観察からはじまる「場所の専門家」

2014年10月25日　第1刷発行

著者：箱田敦只
発行：公益財団法人 日本野鳥の会
〒141-0031　東京都品川区西五反田3-9-23　丸和ビル
電話 03-5436-2626
印刷：山口北州印刷株式会社

ISBN 978-4-931150-61-4